美·无止境

[加拿大] 伊恩·格莱斯宾　编著

许琰东　陈波　刘玲　译

刘玲　校

中国建筑工业出版社

Foreword 前言
4

Introduction 概述
8

What is Westbank? 什么是西岸置业集团?
14

Architects and Artists 建筑师和艺术家们
34

Gesamtkunstwerk / Total Design + Tsumiksane / Layering 整体设计 + 层次化
172

Public Art 公共艺术
216

Westbank Piano Program 西岸钢琴项目
276

Creative Energy 创新能源
318

Pavilions & Exhibitions 展馆与展览
346

A Roof Over Your Head 有瓦遮头
410

Westbank Fashion 西岸时尚
446

Music 音乐
496

People, Events and Celebrations 团队，活动以及庆典
514

The Next Chapter 下一篇章
564

美，在当下之每刻，在时光之隽永，它难以触摸，却又稍纵即逝。我们不仅仅要创造美、发掘美，更要彰显美的力量，哪怕是电光石火之间，流光瞬息之隙，令人们意识并欣赏到美之存在，我们的努力就没有付诸东流。

Foreword
前　言

伊恩·格莱斯宾邀约我们一起深思美这个话题。

当今，美似乎已大为贬值，且脱离了它最本质最厚重的意义，正因如此，这份以美为主题的邀约才更显宝贵。当下的时代话语被各色化妆品、名人名流和消费主义所充斥，人人均被裹挟其中。美的意义已经从本真走向肤浅，从实质走向外表，从注重设计到注重装饰，从顾及人文环境到流于世俗表面。

故此，我们来探讨一下美的真实意义。

崇尚坚固、实用、美观三位一体的古罗马建筑师维特鲁威把美定义为建筑在耐久性和实用性之外不可分割的重要因素。建筑应是这三种元素的和谐统一，而不仅仅是各种建筑材料的简单应用和堆积。美应是建筑的脊梁，是建筑最本质的力量。

北美地区以服务为导向的设计行业已经把建筑设计分割成为一系列单一的专业咨询，每种咨询服务都提供自己独特的专长，却使得设计丢失了从建筑的宏观整体和全局去考量这一首要的责任感。

今天的建筑行业，不再仅仅是由客户决定要什么样的建筑，然后由建筑师去施工这么简单的一件事。建筑已经是由房地产开发商、房地产中介、市场营销人员、品牌顾问、方案建筑师、行政建筑师、室内设计师、景观设计师、结构工程师、机械工程师、土木工程师、工料测量师、法律咨询师、幕墙咨询师、稽查员、地产方律师、分区律师、投资家，以及许多真正意义上打造建筑的承包商所共同组成的一个行业。

职业的细分从专业角度和已知工程量前提下，提高工程效率的角度来说都是好事。但是这使得建筑行业很难从整体设计和深层创新的层面改变，因为一个建筑的大局是建筑师需要思虑之事，而不是以上这些人必须去考虑的。

而且，如果一个建筑各个层面的设计都是孤立进行的，美对于建筑的意义，充其量是一些实用参数所组成的一张平淡无奇的建筑面孔上涂抹的化妆品，犹如蛋糕上的一层糖霜，看似锦上添花，实则可有可无。

这样做的结果，势必是整个城市的建筑群落犹如被拼切分割，变得支离破碎，城市的区域划分也是密集模态，建筑风格过于随意。建筑师的抱负仅仅满足于幕墙结构的升级或者更换某些建筑材料，对建筑的追求也仅仅局限于从寻常到优等，从优等到奢华。自从开发商把决策权外包给市场营销员和成本咨询师之后，建筑师的角色就变成了十几个不同的专业角色，建筑师没有实权，也没有被授权，没有使命感，也没有想象力，去改变建筑行业的游戏规则，去创建真正能够惠泽建筑的影响力。

我想，正是因为伊恩·格莱斯宾洞悉了这一点，才越发关注建筑开发者的需求，他起草的计划并不只考虑投资回报，而是描绘出一个城市真正的愿景图，他的着眼点在于：我们想要居住在什么样的城市，我们又意欲把什么样的城市遗留给我们的子子孙孙。在过去的十年间，伊恩的建筑抱负和他的勇敢追求，在不断付诸实施，每个项目和简报的思路都开阔而大胆，坚持和毅力使得他克服了重重障碍。

一个建筑的实施能够真正提上议事日程，一定得益于一位心怀远见卓识，为了目标排除万难，而不是鼠目寸光，只顾眼前唾手可得之利益的客户。

我们与伊恩携手合作历时两年，重新规划了格兰威尔桥旁的土地，准备把它建设成一个全新的社区，整个楼盘扩大了两倍的面积，使得人们可以更清晰地眺望格兰威尔桥，更多地享受温暖的阳光和清新的空气。

在卡尔加里，人们将在市中心体验到由美好的建筑所带来的生活和工作的新体验。无论是外表还是内里，建筑都把工作和生活塑造出了新模式。

在多伦多，我们在此造访了摩西—萨福迪栖息地 67 号住宅，想要为半个世纪前就问世的阶梯式住宅设计找到更合理应用的方案。令我们惊讶的是，一个原本可能不被客户接受而被亮红灯的方案，仅仅通过两年的重新设计和协商，就问世了。

是西岸集团重新令建筑行业变得完整和统一。通过把投资人、开发商、销售人员、市场推广、施工方、主要供应商整合为一个实体，西岸集团可以控制建筑从开始到实施的每个方面，从而保证了建筑再次成为一个完整的艺术作品，一件整体艺术的杰作。

在此同时，我们展开了对建筑整体性的探索，从外部景观到内部装饰，从建筑的结构、机械，到环境工程的角度逐一精心打造。我们不是把建筑设计成附着优雅装饰的实用主义空间，而是构思出整体协调的设计方案，令人们赞叹一个建筑的美丽，纯粹因为它是那样真实地呈现在人们眼前，并且美得令人叹为观止，由衷赞赏。

在我们和伊恩的合作过程中，我们大力投资并精心设计了每个楼盘的生态系统，这是人们难以忘怀的客户与建筑师之间的合作模式——使命与愿景的合二为一。以如此方式完美合作，我们未来的城市和建筑才会有更多发展可能。

追溯整个建筑史，许多挑战范式的伟大建筑都幸有一位胸怀美好愿景的建筑师和一位深具使命感的投资人共同缔造。安东尼奥·高迪（Antonio Gaudi）就是邂逅了专业制造瓷砖的西格尔家族（Segur Family），后者投资了高迪所有的作品，而二者的双赢合作也使得西格尔家族的瓷砖制造技术达到了前所未有的高度。

勒·柯布西耶（Le Corbusier）幸遇其好友之父奥赞方（Ozenfant），奥赞方先生是法国水泥行业的领军人物，而且恰好对钢筋混凝土在未来建筑业中的潜在应用兴趣盎然。奥斯卡·尼迈耶（Oscar Niemeyer）在库比契克时任贝洛·哈里桑塔市市长时期，设计了很多当地的公用建筑设施。后来库比契克当选巴西总统，并身负为巴西建设一个新首都的使命，尼迈耶再次光荣受召，用自己的精妙设计赋予了巴西新首都，巴西利亚，充满热带风情的现代主义建筑风格。

现在，伊恩正在集结当今世界东西方最才华横溢和最有远见的设计师加入他主打当代城市设计的团队。如果我们把建筑师比喻为助产士，把投资人比喻为母亲，那么二者的合作之子就是我们美好的明日之城。幸有伊恩，幸有西岸集团，越来越多的美好建筑将如婴儿潮一般涌现在我们的城市。

比雅克·英格尔斯 Bjarke Ingels

2018 年 8 月

Introduction
概　述

自五年前，我执笔的第一本书《建筑艺术》，到今日第二本书著成辍笔，期间种种艰辛，恍如隔世。从《建筑艺术》开始，我们的脚步骤然加速。前二十五年的不懈耕耘，使我们有机会拓展新领域、进入新城市、接触更加有趣的项目。

我在从伦敦返航的飞机上写下这些文字。此前，我先后旅经香港、上海、北京、东京、伦敦和爱丁堡，而这段长达十日的旅行更坚定了我的信念：我们在世界各地所做的事意义重大。不仅如此，还证实了第一本书中的一项重要发现：我们已经从传统的房地产开发商转变为一个对外可提供更多机会和灵感的公司。

在考虑新项目的时候，我们自我发问的首要问题是："是否能够赋予这个项目某种独特的价值？"如果答案是否定的，那么我们就不会接手这个项目。但恰恰因为有这样严格的前期筛选，寻求与我们合作的机会如潮涌来。幸运的是，我从未意图单纯地以规模或利润的增长来实现事业的发展。我谨慎地控制着西岸的规模，不让其过度扩张，并且更加专业、更加精心地挑选我们将开发的每一个项目。

这一切不啻一场永远的战斗。我们今天的所有成就来之不易，我认为这正是让人感到踏实的原因。对于我们来说，在温哥华、多伦多抑或西雅图扩展事业比在东京寻找新项目可能要容易得多，但这并不意味着我们就会耽于坦途，不思进取；我们丝毫不惧挑战常态，提升设计水准，并持续改良。我认为得偿所值的是，人们对西岸集团设计艺术水准的评价变得更立体、更丰富，而我们的回报也越来越丰厚。

如果说《建筑艺术》强调创造力和提升作品艺术性的重要性的话，那么本书就承接它，来详细解读我们在"美无止境"上所作的努力，以及美为何和我们息息相关。美既不无聊琐碎，也并非造作奢侈；恰恰相反，我认为广义上的美学关乎人类的存在。美令我们瞩目，并驱动我们去质疑现状。美在为我们带来精神愉悦的同时带来恐惧、惊奇、颠覆和灵感。正是美带给我们欢乐，并使我们的生活更加富有意义和价值。事实上，美正是我们生活的基本要义。

"美"如此重要但又如此难以捉摸。"美"经常被误解、被轻视、被理解为仅仅是一种装扮之物、粉饰之物。但事实上，美本身即是万物之本质。我们深知，我们经手的每一个项目之所以成功，并非源于我们在设计中赋予建筑一种生活化的平和之美。恰恰相反，因为美至关重要，所以我们的设计常常以极富特色和极具争议的"美"而著称，这种美从来不是平庸的。平庸不值得我们为之奋斗。

现如今，人类社会面临着种种问题：无家可归、购房困难、全球变暖、不断拉大的贫富差距、人口过剩、人口老龄化、部落主义、民粹主义，以及其他问题。那么在这种情况下，对于美的追求还有必要吗？有人认为，"美"的需求没有其他需求重要，社会资源是有限的，我们应该暂且搁置美学追求。我每天都能听到类似的说法，而这正是我们需要反驳的观点。在我看来，追求美和追求社会的发展进步实际上是一体两面，为了其中一个而放弃另一个是错误地将两者割裂——为什么我们一定要作出非此即彼的选择呢？我们应该尽全力确保二者在我们世界中的合理位置。对我来说，万事万物都蕴藏着美，无论艺术、思想、大自然，还是伟大的设计，包括一切使人类生活得更好的努力。文化中更存蓄着美，正是文化造就了人类。如果我们为了达成别的目的而牺牲掉"美"这个最基本的元素，我们的生活无疑将变得呆板、麻木而荒凉。

什么叫"美无止境"呢？这个理念到底有多重要，令我必须以美为题，著书言志呢？

从古埃及、古罗马到日本的平安时代、中国的明代，再到 16 世纪的佛罗伦萨，艺术造型与城市建设一直在缓慢前行。回望彼时科技、人文和社会的发展历程，无不饱含着建筑、美术、工艺、文学，以及其他各种艺术的精华。社会进步正是因为继承了所有这些艺术珍宝。我们无比珍视这些艺术的创作者们所付出的意义深远的艰辛努力，他们用艺术完美诠释了文明的进程。

虽然我们的项目有难有易，但是我们初心不改：始终致力于创造意义深远的建筑。每个项目之初，我们首先要考虑城市建筑形态的限制条件、土地使用和密度；然后持续思考建筑的其他因素，包括能源基础设施、怎样在城市中引入自然元素、怎样增加建筑的公共艺术元素，以及怎样呈现一个城市的不同文化侧面。这些思考始终贯穿我们的整个设计环节，并且在我们设定出更高的目标和追求之时不断地推陈出新。

尽管可能会招致批评或者否定，但是纵览我们做过的大型项目，确立"美无止境"的工作理念是充分体现我们工作意义的重要方式。它不仅提醒我们"美"为何如此重要，更时刻提醒我们：正是勇于挑战构成了我们生活的意义。

自第一个项目开始，我们一直在追求"美无止境"。因此，用"美无止境"来折射我们二十五年来的努力是非常恰当的。它并非一个总结，而是一个宣言，一声振臂之呼，以及无数无法预知的前路坎坷。当我们不断前行而进入自信和从容之境的当下，美，比以往任何时候，都更清晰地为我们划出了一道分界线，令有意义、有价值之事和庸常之事泾渭分明。这是一个美处于价值巅峰的时代，亦是一个值得我们竭力求美的时代。

当我们编写第一本书的时候，我们团队的规模只有今天的一半，而当初写书的原因之一就在于，希望用这本书，向正在成长的团队传递我们一直坚守的价值观。随着西岸国内外团队的不断壮大，更多的年轻人加入进来（现在团队中的每一个人看上去都很年轻），向团队中灌输西岸的价值观已经成为我的重要职责之一。事实上，分享知识和经验可以有很多途径，对于千禧年后的青年们来说，通过写书来达到目的可能显得过于迂腐，但是我是一个保守并且深爱书籍的人。在我看来，捧一本装帧优美的书籍，静静地坐下来，让思绪徜徉在文字和图画中，通过书页的翻动以及每一刻的感受去揣测书籍背后作者的心意，是一种非常美好的享受。

本书不是《建筑艺术》的升级版，而是对于我们所执着追求的事业，以及"美无止境"的价值观如何指导我们工作的图文描述。本书的另一主题是，我现阶段投入大量时间参与已不光是房地产开发项目，不管是关乎能源、公共艺术、时尚、展览、钢琴、音乐、餐馆还是酒店，都一并成为我的研究对象。

因此，读一下这本书吧，看看我是否清楚地传达了我的想法。我希望在本书中绘制出西岸集团的宏伟画卷，这也是为何我不知如何在入境卡上填写职业一样。正如前著所书，是许多人的不懈努力才有了今天的西岸集团，其中包括我们的合作伙伴——那些不遗余力地分享他们的智慧并奉献他们的力量的人们。对西岸集团付出的所有努力代表着对他们的感激之情。最后，此书的出版是对我们卓越团队的褒奖——对于我们"美无止境"之追求的完美褒奖。

伊恩·格莱斯宾
Ian Gillespie

在您浏览本书之时，您将看到大约100名我们团队成员的照片，这些照片里的成员绝非我们整个团队人士，因为他们中有的人非常害羞，在本书即将付印之际并未参与拍照。显而易见的是，除了他们，还有更多的人为我们的发展作出了贡献，特别是我们拓展团队的成员们，是他们一路与我们并肩同行。无论如何，这是一个很棒的团队合作。加油伙伴们!

Maggie Wang

Josh Anderson

Ian Gillespie   Stephanie Dong

Ariele Peterson

What is Westbank?
什么是西岸置业集团？

在全球范围内工作，使我们有幸和世界上最棒的艺术家合作，这是最令我们高兴的。许多和我们一同工作过的建筑师，都极具天赋、创意与灵感，这使得他们的作品都有着独特的艺术魅力，因而得以在全球众多一流作品中脱颖而出。有幸与这些艺术家一同从事我们的公共艺术事业，我由衷地感叹我们的好运气。

我有幸和郑景明（James K. M. Cheng）、格雷戈里·恩里克斯（Gregory Henriquez）、比雅克·英格尔斯（Bjarke Ingels）、隈研吾（Kengo Kuma），后来的谭秉荣（Bing Thom）、维内林·考克罗夫（Venelin Kokalov）、迈克尔·西肯斯（Michael Sypkens）、埃斯特班·奥克格威亚（Esteban Ochogavia）、大卫·庞特里尼（David Pontarini）、保罗·梅里克（Paul Merrick）以及彼得·巴斯比（Peter Busby）这样的建筑师们合作。他们格局宽广，而又谦虚内省。他们会彻底地审视自己的作品，因此能够更好地理解、凝练并阐释艺术的本质。在一次工作例会中，日本建筑师隈研吾就提出了"层次化"的概念——来源于日本建筑传统中独有的设计感悟和精义。

在此说明一下，我们所说的"层次化"并非指的是类似于洋葱的分层结构或者树木的年轮，仅仅通过简单重复的累积从而增加周长或体量，却没有真正意义上的改变。隈研吾以"和服"为例进行了详细的解说。"和服"是一种色彩繁复的多层长袍，它精巧地承载了穿戴者的诸多细节，从经济、政治地位到其穿戴和服当下的情绪状态，不一而足。接下来他又解释了与我们的新项目——阿铂尼·隈研吾——相关的"层次化"的含义。这个住宅楼项目外立面的雕刻层次丰富细腻，不仅令居住者感觉舒适惬意，更令来访者或路人身心愉悦。我反复思量隈研吾提出的"层次化"这个概念的同时，欣喜地意识到它已经深刻融入西岸集团的设计之中。

如对于像研科花园（TELUS Garden）这样的大型项目，"层次化"实际上是不可或缺的。从实现能源高效利用的基础设施，到项目的多功能性；从改变街道和公共街巷的艺术与结构特征，到通过引导我们的视线向上而改变我们感知城市中心街区风貌的单一方式，去实现建筑师的创新。现在我清醒地认识到，即使是西岸集团最不起眼的小项目，例如位于第六街的住宅（6th and Fir）也有着丰富的层次，丰富的层次感所带来的含蓄繁复的精妙之美使它超越了我们早期的作品，并为我们树立了未来努力的标准。

进一步讲，我意识到每一个新项目，无论是在蓝图阶段还是建设阶段，都为西岸集团的工作体系增加了新的层次。从某种程度上说，这使我们的每一个新项目都愈加富有挑战性。就我们现有的工作能力而言，完全可以更进一步地提高作品的品质，增进我们参与建设的社区的活力。在这样的格局中，当我再次思考"层次化"时，它已经不再仅仅是一种对细节的关注，也不仅仅是如何使我们的每个项目增值的问题了。它是一项使命：只有完成所有的层次分析，项目才算完成；也只有这些深度层次分析，才能激发项目的潜能。我们不断壮大的团队成员所积累的丰富经验、所具备的傲人才华，以及摆在我们面前越来越多的机遇，让我感到一种前所未有的兴奋，我知道，我们将在每一个新项目中持续发展和提高。

Creative Industry
创意产业

"层次化"的思考应该从开发之初、从基础设施入手——这并非通常做法，但是理应如此。对于很多设计师来说，在做设计时不把建筑内部或者城市街道因素考量在内当然会轻松很多，但是当今气候巨变，细细忖度建筑的功能实际上至关重要。众所周知，在温哥华，建筑能源排放占据了温室气体排放总量的 55%。为了降低这个比重，温哥华的基本应对策略之一就是建立街区能源网络，城市综合体建筑利用这个平台共享暖通空调基础设施——而这就是"创新能源利用"的主要手段。它的核心就是 2014 年我们引进的旧的中央热力系统。街区能源利用效率从而大大提高。完全依靠老的中央热力系统，通过 14 公里的管网系统给温哥华郊区的 210 栋建筑（大约 4500 万平方英尺 ①）输送热力，建筑物自身的制能和蓄能能力不再举足轻重。我们将逐步用热水系统替代蒸汽系统，并将更多可替代性能源应用到建筑之内。

我们买下中央热力系统并持续投资的根本原因，是希望能够在能源有效利用方面作出长足进步。通过扩大系统以及逐渐将核心能源转化为生物能。未来，我们至少可以每年减少 8 万吨的温室气体排放（相当于 1.7 万辆汽车的尾气排放量）。这是温哥华单项减排的极限。我们现在正计划让这个新的能源工厂成为一个真正的温室——一个占地 4 英亩 ② 的玻璃建筑，通过吸收其下能源工厂的二氧化碳和废热，每年至少能够生产 400 吨农产品。这个设施将充分展示出节能生产的优势，而不是令能源无效浪费。它不仅将赋予旧的热力系统以新的功能，同时也将帮助民众转变对能源设施的传统认知。我相信我们这个项目的合作建筑师比雅克·英格尔斯有能力将这里打造成一个观光之处，一个魅力之所。

这个项目作为一个具有国际潜力、利用清洁能源的基础设施范例，创新能源未来有可能进入多伦多以及其他城市，有可能被用在像马维殊村（Mirvish Village）这样的综合体项目上，也有可能出现在目前致力于高密度街区研究的美国北部城市的独立项目上。在特伦特·贝瑞（Trent Berry）的指导下，创新能源已经成为西岸集团在已经熟稔的环境中建造的经典案例，并由此将我们的影响力扩大到其他城市。

城市肌理的另一个层面是持续的经济发展。对于西岸集团来说，通过为运转良好、高度繁荣的经济和社会系统提供辅助层建设而创造价值始终是一个大课题。我们需要一个伟大的平台以保持其持续性生长，如新建的研科花园，它不仅撬动了加拿大西部最大的一家科技公司的创新能源利用，并且改变了该公司 CEO 关于温哥华郊区的一个重要街区的设想和激情。研科花园同时也是另一个区域能源项目的实践基地，有效利用研科花园的服务设施废热，通过转化，减少了建筑

90% 的能源消耗——这些原本需要从其他能源中获取。研科花园建成后，西岸集团也随之成为世界上最大的白金级 LEED 开发公司之一。

研科花园同之前的萧氏大厦（Shaw Tower）、霍德商城（Woodward's）、温哥华香格里拉酒店（The Shangri-La Vancouver），以及费尔蒙特环太平洋酒店（The Fairmont Pacific Rim）等众多西岸集团项目一起，共同打造了温哥华市在城市建设领域的卓越与杰出声誉。在这一领域，我们还需要做更多努力。最近，我们有幸和另一位科技界领军人物、互随（Hootsuite）的创始人瑞恩·霍尔默斯（Ryan Holmes）进行项目合作。这是一个科技园区项目，位于主大道和第五大道，园区内既有他自己的公司，也驻有其他一些科技公司。这个项目将与西格鲁吉亚 400 号项目（400 Georgia）一起，为未来的创意经济奠定现实基础。

科技对世界的影响仍在持续发酵，在我们选择发力的这些城市尤其如此。随着城市逐渐成为整个国家经济发展的引擎，我们越来越急迫地感受到，创意经济和科技产业将会对我们未来的项目产生巨大的影响。温哥华诞生了 Slack 网站、互随（Hootsuite）和宽带电视台（Broadband TV）——加拿大三家估值超过一亿美元的公司，同时也拥有像亚马逊、三星和微软这样的跨国公司，近年来，对于科技产业的大力扶持已经使温哥华成为一个新的科技中心。这座城市目前拥有大约 75000 家科技产业公司，郊区周围也是整个不列颠哥伦比亚省的技术中心。南边的西雅图已经成为全球最大的科技中心之一。我相信，在温哥华、多伦多还有西雅图之间，创意经济人才、理念和商务的流通正蓄势待发。与瑞恩·霍尔默斯、研科电讯集团（Telus）、萧氏集团（Shaw）的合作，以及西格鲁吉亚 400 号、邓肯 19 号（19 Duncan）等新的创意办公空间项目，都表明我们在温哥华、多伦多以及西雅图的创意经济领域的地位越来越重要。我希望我们能通过创造一些可以激发灵感的办公空间来为我们的经济转型贡献一份力量。显而易见，在诸多技术因素的价值排序中，创意是核心。在我看来，

---

① 1 平方英尺 =0.09 平方米
② 1 英亩 =0.40 公顷 =4046.86 平方米

这个领域的推进可以有力地促进我们团队自身的成长，因为对我们的团队来说，这是一个充满挑战的新领域，也是未来可以更加专注的重要领域。甚至可以想见，在不远的未来，我们的团队将直接投资科技领域。

同时，让我感到十分欣喜的是，至今为止我所遇到的科技领域的引领者们，和我一样满怀城市建设的热情，同样持有为了使世界更美好而不惜打破陈规的观点。或许他们比起其他人更能理解我们所面临的挑战，更想为找到解决方案而积极努力。在我看来，这就是许多城市的光明与希望所在。相比传统工业以及金融产业，科技更能帮助我们实现城市转型。他们并不妄自菲薄，而是只争朝夕。能有这种紧迫感真是太好了！

Oakridge
橡树岭中心

在高科技产业凸显出创意经济和工作场所善变的本质的同时，一股同样强大的风暴正在席卷传统零售业。从购物的场所以及方式，到购物的体验，这场风暴改变了一切。而我们对于橡树岭中心项目的思想变化进一步证明了西岸集团在"美·无止境"理念下的成长。橡树岭中心是一个位于温哥华的购物中心项目，地处机场和市中心之间的加拿大线的重要节点上。目前，它已经成为加拿大最成功的零售场所之一。20 世纪 80 年代初，在对 20 世纪 50 年代末期建筑的改造过程中，它是最先在零售大楼之上建造住宅的区域性购物中心之一。可是直到现在这里依然没有什么大的变化。我们为了促成橡树岭中心的再开发，进行了不屈不挠的 12 轮协商，而为了充分描述这史诗级别的斗争，我觉得可以再写一本书。这里我们就直接跳到最后的协商，在我的帮助下，奎德房地产公司（QuadReal）[①] 用仅仅不到 10 亿美元从亿万豪剑桥公司（Ivanhoé Cambridge）手中买下了这家商场，并同时说服了随

后的买入者成为我们的合作伙伴。这是我的职业生涯中最骄傲的一个时刻。我们一直都对这个项目抱有极大的期待，而以前的业主却只是在担心其他事情。现在我们清楚地认识到，对于他们来说，这只是另一个位于加拿大西部的购物中心；而当实体零售领域发生剧烈波动时，这更是一笔高风险投资。

关于橡树岭中心的拉锯战开始于 2010 年，当时，亿万豪剑桥位于温哥华的团队和地方合作伙伴一起提出了一个全面重建计划。当我与亿万豪剑桥的主席兼首席执行官丹尼尔·富尼耶（Daniel Fournier）在蒙特利尔共进午餐时，他向我介绍了这个计划，并询问了我的意见，我的回答是这些计划太过于保守了。如果他们计划的全部仅仅是在商场顶部增加 6 个住宅建筑，那么他们将永远限制这块房产的价值。事实上，这几栋新的住宅建筑可能带来的价值甚至都无法补足房产中商业成分所受的价值亏损。

我的观点是，如果亿万豪剑桥公司这样做，那么他们最好为项目增加足够的附加值，使它物有所值。最终亿万豪剑桥对我的观点表示赞同，并邀请西岸集团成为新的地方合作伙伴。

下一步，就是说服城市规划人员和社区成员放弃之前花费了 10 年心血和数百万美元的规划成果，重新从零开始设计。我们的任务是，通过最终超过 3 万人参与的漫长的协商过程，从而说服温哥华市议会彻底打破传统发展的思考模式，全方位地重新考虑橡树岭中心的规划。我们还需要大胆展现领导力和远见，做出高瞻远瞩的设计而非贪图省力去走捷径，毕竟捷径最终只能带来单纯的短期收益。

2014 年，橡树岭中心，这个面积达 28 英亩，折合 450 万平方英尺的多功能项目审批成功，而这也是温哥华历史上规模最大、最复杂的城市重新规划项目之一。亿万豪剑桥授予我们充分的自主权，同时我们交出了超乎想象的设计。下一步按理说应该很简单，然而事实并非如此。当橡树岭中心面对第一股阻力时，"美·无止境"真正的含义变得尤为清晰。到 2015 年，亿万豪剑桥开始质疑项目的可行性以及

规模。当时看来，几乎每一天，银行经济学家或新闻写手所作的预测都把温哥华的住宅房地产市场描述成一个随时准备破裂的泡沫。在这种舆论环境下，亿万豪剑桥质疑建筑项目的办公部分、在地下蓄水层上建造新的停车场而产生的费用以及温哥华住宅市场的潜力。

而在亿万豪剑桥对方案提出质疑的同时，由于像亚马逊这样的网络零售商占据的市场份额不断扩张，全球零售环境开始面临一个根本性的转变。2015 年，亚马逊的在线零售服装销售占据了美国销售总额的 7%左右，而经济学家预计到 2020 年，这一数字将达到 20%。结果显而易见——全球实体零售面积过剩，而由于没有人知道未来危机会出现在哪里，许多人都在做最坏的打算。尽管橡树岭中心被称为北美最具生产力的购物中心之一，但全球实体零售业危机正在严重摧毁我们的合作伙伴的信心。更糟糕的是，我们的合作伙伴关系结构使我们的利益分离——我们的利益范围纯粹是住宅方面，而亿万豪剑桥主要在零售和办公方面。这些都是需考虑的根本因素，因为新的橡树岭中心是作为一个综合性社区被重新设计和划分的，规模和整合对其成功至关重要。城市发展中的美不仅仅体现在建筑物的建造上，同时也体现在最终呈现结果的特点、功能以及对所有新街区的凝聚力上。对我们而言，相比保有目前完成一半的橡树岭中心，我们宁可它未曾存在。

于是某一天，亿万豪剑桥似乎要宣布中止工程而将它长期搁置。经过多年的时间、精力、资源和声誉的投入，我对他们这一举动的反应可想而知。几个月后，我终于重新振作起来，并试图说服亿万豪剑桥允许西岸集团与温哥华市重新合作。我们对原有的方案进行了修改，修改的重点在于减少新设计的占地面积，从而保留更多现有的商场。同时我们还做了另外一些改动，能够有效降低风险，使施工更容易并最大限度地减少对现有商家的破坏。

温哥华市政府并不愿意重新规划，而我们花费了几个月的时间来说服他们这是值得尝试的。然后我们又花了一年的时间重新设计规划

方案，新的设计不仅降低了风险，同时使原设计的概念和特点更加鲜明。对于这个结果，我感到非常满意。建筑师格雷戈里·恩里克斯和他的团队一直充满信心，并且城市居民也表现出了创造力和野心。最后我们相信，亿万豪剑桥将会看到一个不仅解决了他们担心的所有问题，同时变得更好的设计结果——现实本应如此。但是正如这本书的主题，事情的发展注定不会这样顺利。

最终一切都显而易见：作为合作伙伴，亿万豪剑桥和西岸集团已经不再具有共同的愿景和期望。所以，2016 年 6 月左右，我们开始了一个艰难的、时不时会情绪失控的三方谈判，在谈判中我们说服亿万豪剑桥把橡树岭中心这个项目出售给奎德（QuadReal）并说服他们几个月后把这个项目的一部分转交给我们。在这个过程中，对我们来说最重要的因素，是找到一个真正的、能够实现高质量的合作并共同分享我们的理念的合作伙伴。如果没有对于"美"的理念的一致认同，所谓的合作只是空中楼阁。

如果想要从零开始，建立一个完整而又有突破性、能够有助于重塑零售业未来的项目，并在交通节点形成一个综合居住社区，不是一件光靠努力就能做到的事。橡树岭中心将展示出我们如何通过设计，将各种可供选择的居住模式巧妙地组织到项目中，以及如何显著提高区域能源和其他设施的环保性能。橡树岭中心还将帮助改变我们对于交通运输的传统观念，加速从汽车型社会向"新机动方式"社会的转换。在橡树岭中心，我们将整合铁路和公共汽车、自行车和绿色通道系统，甚至采用智能家居；我们将重新定义图书馆、社区中心、公园和公共艺术。为了设计出一个具有专属类型学，独一无二，且从内到外都体现出美的项目，我们在借鉴传统的大型多功能项目所要考虑的每一项技术的基础上，又对每一个因素都做了全新的设计。虽然从格鲁吉亚豪庭（Residences on Georgia）开始，西岸集团一直是温哥华著名的"塔楼类型学"的主要践行者，但橡树岭中心对区域购物中心的重新定义将更为重要并且更加具有全球适应性。自从霍德商城项目开始，

西岸集团有这样一个采用所有城市建设原则的机会，并以一种将从根本上改变温哥华的建设方向的方式实施这些原则，同时为世界其他城市树立了典范。

事后看来，我们在橡树岭中心上的不懈斗争是值得的，因为正是它造就了最后令人满意的结果。这场战斗迫使我们重新审视项目的各个方面，并且发现，当找到真正合适的合作伙伴时，我们提出了一个更有力的概念和更好的解决方案。我们的社会需要一个模式的转变。橡树岭中心展示出我们所处的世界具有不断变化的性质，并提出了一种相应的解决方式。我们都知道，通信技术革命已经跨越式地改善了生活和经济生产力，而我们应该用同样革新的眼光看待并重新组织城市基础设施。未来，这种基础设施也需要新的能源，以及新的管理和节约资源方式。

这就是我无法放弃橡树岭中心，或者在关于美的概念方面作出妥协的原因。对我来说，这是一个一生一遇的机会：在一个占地 28 英亩的地块里成就一个城市的一切，将我曾经尝试过或想象过的一切概念（和许多尚待考虑）融入一个美丽的综合文化中心。如果能够坚持这个使命，我肯定橡树岭中心将改变人们的生活方式，让他们能够从一个更可持续和富有文化的环境中获益，不论他们是住在那里，还是只是来购物，来图书馆里读书或在公园里锻炼。2017 年 6 月 1 日，我们发布了一份新闻稿，向温哥华市民展示了这个项目的进展，并邀请他们加入这个迄今为止最雄心勃勃的旅程。以下是我写的（姑且称之为）宣言，试图向人们描绘出我们的蓝图：

我们的目标是惊人的。我们想重新定义购物、通信、工作、学习、审美、旅行、运动、吃饭、食物、交往、爱情、创新、音乐、文化——总之，我们要重新定义生活。

以上就是我们的理想。来加入这个充满野心的旅程吧！

新的橡树岭中心将完全不同于传统的商业中心。它会成为一个与众不同的城市地标，一个文化的大熔炉——而它属于温哥华。人们将会从世界各地赶赴这里，记录并谈论关于它的一切。每年，将会有超过 4200 万人在这个未来城市的缩影中留下自己的痕迹。虚拟技术将会发挥更大的作用：想象一下，人们可以在线观看直播舞曲或演出，观看节目和收听在网站上创建的播客，并且能够即时参与互动。

这个项目中充满了使健康社区拥有的特质得以升华的机会。零售业就是其中之一。橡树岭中心将提供娱乐、知识以及丰富的体验。这里可能是一个无论何时何地都充满了各种各样音乐的场所；可能是一个具有超过 100 家世界顶级食府的场所；如果你居住在这里，你可以随时要求亚马逊智能语音助手（Alexa）或苹果智能语音助手（Siri）下午三点在楼下大厅准备好你的电动汽车；如果你想锻炼，你可以在健身房、泳池、轨道或攀岩墙中进行选择，或者决定将一辆自行车带到世界上最酷的自行车商店、咖啡店或者俱乐部，然后去不列颠哥伦比亚大学（UBC）来个环游；如果你去散步，你可以穿过茂密的森林，漫步在山坡上的小径，走过草地，穿过水景，通过城市种植园、雕塑花园，经过瑜伽馆到户外露天剧场；如果你想让你的女儿离开电脑去学习，她可以去城市最繁忙的图书馆，这个拥有最先进的设施、全新的市民中心，一个可以安静学习的地方；如果你的儿子想学习舞蹈，他步行就可以到达国内最好的舞蹈学校；这个地方遍布世界一流的健康诊所，里面有各个医学领域的顶尖专家。最后再想象一下，以上所有这一切都便捷地连接到市中心，15 分钟就可以坐上加拿大轻轨线（Canada Line），10 分钟就可以到达机场。

橡树岭中心把所有城市建设的准则集中到一起，并从根本上改变地区商场的建造、使用和感知方式。橡树岭中心的建成将会带来一些不同于以往的新词汇；它将创造一种全新的城市类型，是 21 世纪城市建设中的标志。对于我们正在努力使这一切成为现实的团队来说，我只能说再没有比这更棒的事了。

Housing Innovation
住房革新

除了关于"层次化"的讨论之外，橡树岭中心还实现了商业与居住的完美融合。作为一个温哥华人，在尝试解决城市碳排放量问题之后，接下来我们面临的最大挑战就是住房负担能力问题。西岸集团也决心为这个问题提出自己的解决方案。虽然豪华住宅长期以来是我们业务的核心——而这两者看似矛盾，然而，在我看来，正是由于我们的历史、能力以及在奢侈品市场的成功，使我们对解决住房负担能力问题负有更大的义务。

虽然需求与解决方案显而易见，但真正实施起来将会十分困难。学校教师、警务人员、年轻的软件工程师或是西岸集团的年轻项目协调员都应该留在温哥华，居住在这宜人而又交通便利的地方。这就是我们的着手点与切入点。

首先，我们积极促进租赁房屋的发展。我们现在有近 5000 个正在开发中的租赁房，包括商品房和经济适用租赁房。其中，有超过500 个超低租金的租赁房与商品房一起，被巧妙地穿插于橡树岭中心项目、我们位于西区的彭德雷尔街（Pendrell）和戴维街（Davie）的项目、唐人街的美因街（Main）和基弗街（Keefer）的项目、煤气镇（Gas Town）的血巷音乐厅（Blood Alley），以及多伦多马维殊村的新项目中。

密度是解决负担能力的关键。即使在城市某些特殊的地方，这个概念也会让人们轻松一些。我相信，如果作为开发商，我们恪尽职守，为了更加可持续、宜居和便宜便捷的生活环境，温哥华和其他地方的人们都会接受更高密度的居住条件。如果没有居住密度上的增加，温哥华的住房支付问题将永远得不到解决——至少计算结果如此。我们不可能凭空变出更多的土地，然而我们可以更加有效地利用土地，从而扩大空间。但是通过增加住房数量来不断迎合住房需求将不会是稳

定房价的长久之计（尽管一些社会活动家和政治家还在幻想可以通过税收来增加经济适用房）。我们可以利用税收和监管来控制房地产市场的利益追求，但是如果使用这种手段来操控市场的话，不仅无法从根本上解决问题，并且还有可能带来无法预估的麻烦。如果增加住房供给量就是我们的解决方案，那么真正的挑战则是，如何在保证环境宜居的情况下增加住房密度。实际上，关于密度的争论是长期的冲突，发生在那些几十年前买好房子的人与新一代年轻人之间——年轻的一代可能对传统单户家庭毫无兴趣，但是他们依然想要拥有价格适中、设施丰富且交通便利的住房。

提高密度的重要策略之一，就是因地制宜。就拿西岸集团最近在乔伊斯街（Joyce）上的两个新项目为例：这两个新项目都处于极佳的地理位置，离轻轨站（Sky Train）只有 60 英尺远。这个地区已经有了一些中高层住宅楼，而且靠近交通路线，确保新居民能够方便地享有城市的服务和设施。

常任西岸集团规划顾问的加里·普尼（Garry Pooni）和他的团队已经与社区建立了良好的联系——我们将成为第一个在这个地区有所建设的开发商。这是我们在温哥华以远见卓识说服公民、规划师和城市官员，使他们放下顾虑，有所尝试的又一例证。我们为整个社区做的新规划将增加住房密度，而事实上，居民们对此非常欢迎。这是因为他们明白，住房密度的增加不仅可以创造一个更有活力的社区，促进学校开放，提供更多的住房选择，同时还可以带来新的公共设施。

我们同样非常高兴能够参与对百老汇商业区（Broadway and Commercial）的再设计。这里紧邻温哥华西部最繁忙的交通枢纽，因此自然而然成为一个人口密度极高的场所。自从它落成的那一天开始，就因为尺度失调以及设计缺乏想象力而广受诟病——其中后者应该是主要原因。但是这也让我们高兴地看到了居民对设计的更高要求。这个设计以往的失败在于忽略了这个地区的特质——这里明显需要更高质量的设计。如果换作是其他开发商估计早就放弃了，但是当这块地

产的所有者——Crombie REIT[①] 找到我们的时候，我们认为或许可以试一试。我们热爱迎接挑战，这个项目的设计师谭秉荣也一样。他承诺将会做出一个更富有创新性的方案，不仅能够为当地居民，同时也为过往的人们提供便利。他的第一个方案美丽、实用，并且与社区环境很好地融合在一起，不仅提供了大量我们认为将会受到广泛欢迎的设施，而且还配有更加多样的住房、办公以及零售区——这一切都被集中在一个庭院周围，将会成为社区的焦点。不过，我认为谭秉荣的设计中最大的亮点在于，他把广场移到外边，并通过这个重新组合创造出了一个新的、充满活力的公共空间。每一个项目都应该是独一无二的，不仅是因为他们面对着完全不同的社区环境，而且应该为社区赋予一种独特的内涵。我想让居民觉得我们的项目对社区是有贡献的，这比什么都重要。

Public Spaces for Art and Artists
为艺术与艺术家而生的公共空间

在文化领域，西岸集团凭借我们的公共艺术项目脱颖而出，并且突破了世人的想象。用同样的方式，我们对项目的期望也越来越高，我们在公共艺术领域的名气也水涨船高。每一个项目都帮助我们在艺术界建立更高的名望，因此，有越来越多的艺术家向我们抛出橄榄枝——其中不乏公认的名家。我们对每一个项目都尽心尽力，而这些项目就是我们团队的灵感来源。目前，我们手上有好几个艺术项目，这对我来说是工作中最有趣的一部分。

这本书的题目是"美·无止境"（为美而战）。之所以起这个名字，是因为几乎我们的每一个项目，即使是进行得相对顺利的，也像是一场战斗，而且往往是激烈的战斗。其中一些战斗源于强烈的诉求，或者是不愿我们的设计理念受到半点破坏，或者是想要展现我们作为行业领先者的风采。无论团体或个人想要继续保持萧条的现状，还是规划者们守着过时的规划或者短期内不提倡变革的政治制度，我们总是努力想要改变社会对于"美"的观点。许多人并没有意识到，如果没有美，生活将是怎样的空虚。去斯坦利公园散个步吧！或者沿着海边走一走，抬头看看沿着利亚姆·吉利克（Liam Gillick）设计的美丽的费尔蒙特环太平洋酒店；也可以到耶鲁镇（Yaletown），欣赏生长在汉密尔顿街（Hamilton）两旁人行道中央的绿植；听听霍德商城大厅内里游人弹奏钢琴的乐声——这之后你就不会来告诉我美不重要了。美使我们快乐。

在我看来，西岸集团有两个使命：第一，尽可能多创造美；第二，帮助人们学会欣赏美，这样他们会反过来要求更多的美。每当我看到一个并没有激发灵感、改变现状，而是经过重重妥协、设计水准下滑，勉强为满足客户需求而做出的设计时，我会感到由衷地悲伤，慨叹又一个机会的流失。这真是一件让人心碎的事情。

血巷音乐厅是一个本应相对直接而简单的项目，但是相反，我们投入了大量的精力去设计建造租赁和社会用房，还有一个音乐厅。最终，我们会得到一个也许并不完全是我们之前想要的设计结果，但是我们可以为它拼尽全力，因为我们认为它非常重要。

与那几十个即将完成的公共艺术项目相比，血巷音乐厅这样的项目让我们有机会在温哥华种下艺术和创意的种子。血巷位于煤气镇的中心地带，血巷音乐厅原本设计是一个音乐厅，然而，隈研吾的设计将会使这个地区发挥更大的潜力——或许是一个综合表演中心。我们也曾设想这里会成为一个城市的文化中心，这样，来这里的人们就可以知道城市里的创意界最近发生了什么。当我们做出模型之后，决定将它付诸实践。我相信多伦多也会需要这样的空间。基本上，我希望将来血巷音乐厅能够像我们的酒店事业一样，建立我们与城市之间的联系。我希望创造出充满艺术的、令人叹为观止的空间，让市民能够享受艺术，并使温哥华和多伦多变得更加有趣。对我们来说血巷音乐厅并不具有商业意义。我们完全是出于对这个项目发自内心的热爱而去做这件事。

① Crombie REIT，多伦多一家房地产投资信托基金。

Transformative Designs For Vancouver
温哥华的城市转型设计

西岸集团一向是温哥华首屈一指的豪华公寓开发商，而这段发展历史一直是我们成功的关键因素。我们吸引了来自世界各地，特别是亚洲的投资，为数千名不列颠哥伦比亚省人创造了就业机会，并改造了这座城市。亚瑟·埃里克森（Arthur Erickson）曾经把温哥华视为"一座生长在美丽的土地上的丑陋的城市"。但是这座城市现在已经今非昔比了。感谢郑景明、格雷戈里·恩里克斯、谭秉荣、保罗·梅里克等人的建筑设计上的创新和卓越表现，使得温哥华拥有了与它良好的历史规划相匹配的建筑。同样感谢福溪（False Creek）和高豪港（Coal Harbor）的创意重建，温哥华出现了一种自成一派的城市风格：温哥华主义。西岸集团非常自豪能够为这一转型作出贡献。然而接下来发生的一切更是令人惊叹。

这些是即将彻底改变温哥华的六个项目。第一个是比雅克·英格尔斯温哥华一号公馆设计项目。这个设计具有两个显著特征：第一，与几乎所有真正优秀的建筑一样，设计是场所的直接表达。当在这个复杂的场地中寻找答案时，英格尔斯并没有勉强地被场地限制所困扰；相反，他利用这些限制，塑造出建筑独特而美丽的形状，而正是凭借设计的创意及优美，使它在新加坡 2015 年世界建筑奖评选中获得了年度未来建筑奖。温哥华一号公馆已经吸引了来自世界各地的买家。英格尔斯并不仅仅是简单地设计了一种优雅的形式。他深入到街道空间，试图恢复格兰威尔大桥之下如今荒凉的街道的活力。当这个项目落成，并且罗德尼·格雷厄姆（Rodney Graham）设计的闪闪发光的 6 米长的旋转枝形吊灯在桥下旋转时，世界各地的人都将认识到这是最好的城市建设。

第二个项目是位于布拉德街（Burrard）和尼尔森街（Nelson）的蝴蝶（Butterfly），这是一个具有独特形式和建筑表皮的设计，不仅

将重塑温哥华的天际线，同时可以为第一浸信会提供更多的经济适用房以及财政支持。这个项目除了为我们的城市带来又一个非凡的谭秉荣的建筑设计之外，还将有助于全面修复作为城市建筑瑰宝之一的第一浸信教会教堂，以及支持第一浸信教会这个重要的公民机构。

第三个项目的设计师还是比雅克·英格尔斯。它位于贝蒂街，是创新能源营运现址的办公和住宅建筑。与很快将会成为温哥华市中心南部门户的温哥华一号公馆一样，这个建筑将在东部冉冉升起；而当西乔治亚街移走高架桥后，这座建筑将成为这个地区一个关键节点。它美丽的形态将会吸引全世界的目光，并在温哥华主要公共空间前构筑良好的步行体验。该建筑也将与拟建的新温哥华美术馆之间对角相望，并与我们的西格鲁吉亚 400 号办公大楼、研科花园和温哥华香格里拉酒店项目一起，沿着温哥华的景观大道佐治亚街创造一系列特别的设计。

如果温哥华一号公馆是从南部进入市中心的新门户，贝蒂是东方的新门户，那么西方的 1550 阿铂尼就是完成这个循环的又一个门户。这个项目由建筑大师隈研吾担当设计，设计过程饶有趣味。每一处都产生了一个新的艺术层次。层次感的概念反映在项目的各个方面，我自己也从中获得了很多收获。西岸集团负责这个项目的团队可能甚至没有发现他们得到了许多人梦寐以求的工作机会。在这个项目中，我认为所有的一切都可以被称为世界级的，也是距离完美建筑最近的一个设计。该项目的建设刚刚开始，预计将于 2021 年初完成，届时我们将会能够真正地评判我们距离梦想中的建筑还有多远。

在阿铂尼 1684，我们与谭秉荣建筑事务所合作建设的另一个项目正在进行中。这是一个同样令人振奋和优雅的设计。这座建筑在温哥华的天际线上刻下了清晰的轮廓，我认为它独特的骨骼，清奇的外观将为该城市创造一个新的地标。同时，随着 1684 阿铂尼在温哥华市中心西部的建成，每一个进入温哥华市中心的人都会首先看到西岸集团的建筑。

最后，我们最近的项目是位于中央图书馆和研科花园之间的西格鲁吉亚400号。这是第一个完全由迈克尔·西肯斯和埃斯特班·奥克格威亚与西岸集团设计团队一起做的设计。它像层叠累加起来的盒子，这个独特的形式隐含了优雅的功能，专门针对创意经济公司的需求提供了工作空间。基于街对面研科花园的成功，我们得以在西格鲁吉亚400号开发更多工作空间的机会，在温哥华市中心建立起一个整体、多块、多功能的区域。这个项目打破了工作空间设计的一切常规：从授权过程到结构设计、建筑方法，我们对既定的一切发起挑战。通过创造吸引技术和数字创新者的空间，我们希望这个项目为温哥华创意经济的发展作出重大贡献。

所有这六个项目都丰富了我们的建筑风格以及目标的层次，并使我们在温哥华的工作更加突出。每个设计都很好地融入了场所环境，将会有助于强化和激活周边社区，共同为市区的城市布局作出重要的贡献。

离开温哥华市中心，或者说从城市中心移动到水边，我们在马蹄湾开展了一个项目。这是我们在西温哥华的第一个项目，而这对我来说，有一种怀旧的味道。在我小的时候，我的祖父母就住在阿尔伯尼港，所以我们经常穿过马蹄湾，去到那个迷人而又充满活力的社区。直到今天，港口依然有最美的、受到良好保护的港口，以及豪湾之上的景色。我永远不能忘怀的是Trolls餐厅的鱼和薯条，从渡轮下车的汽车的声音，以及在停泊或开航时斯威尔码头的壮美景色。

因为我的这些回忆，当丹·斯威尔（Dan Sewell）通过艾尔·迪·吉诺瓦（Al De Genova）和我的朋友迈克尔·弗拉尼根（Michael Flanigan）找到我们，请我们帮忙计划开发斯威尔的多余土地，以释放资金，重新投资于他家的码头时，我感到很高兴。对这个社区而言，在尊重历史及传统的前提下重现马蹄湾光辉，可能没有比丹·斯威尔更好的监护与捍卫者了。由于这个项目需要建筑师具有一定的感性，丹曾与保罗·梅里克合作——保罗·梅里克是西海岸现代主义风格[1]

的最后一位实践者。事实证明，保罗对于这片地区也有特殊的记忆：他在安布赛德（Ambleside）长大，他的祖父是渡轮上的工程师——这艘渡轮曾经在西温哥华、斯坦利公园的历史景点到温哥华港口之间航行。

建筑师把对这片土地的记忆融入了设计。梅里克将159座房屋置于悬崖上，保留了景观，并激活了这片私人和公共属性并存的海滨空间。不仅如此，创新能源将在那里设置海洋地球能源交换系统，可以减少70%的温室气体排放，从而进一步降低项目对环境的影响。这又一次告诉我们：最好的建筑往往不仅生长于它所处的环境，并且应是其所在环境的荣耀。这是一个美丽的项目，它将为马蹄湾社区带来不可估量的力量与生机。

Canadian Foundations
加拿大基金公司

在更远一些的地方，但是依然在加拿大，在卡尔加里，我们发展得十分迅速。这是一个建设中的办公和租赁项目，叫作研科云庭（TELUS Sky）。这是我们与比雅克·英格尔斯的团队又一个合作项目。这座建筑将会是另一个LEED白金级的环保范例，并且不久之后，就会成为卡尔加里第三高的建筑。艺术家道格拉斯·柯普兰（Douglas Coupland）的作品也将会出现在建筑中，并成为这里的一大特色——我相信这个杰作会改变卡尔加里。在研科、安奈德房地产投资信托基金（Allied REIT）和西岸集团的合作下，研科云庭将会在卡尔加里这座物城的建筑群落中轻松地脱颖而出。这座城市急需一个新鲜的面孔，而研科云庭的落成将会彻底改变这座城市的面貌。落成时间大约是在2019年的春天，希望那时经济可以有所恢复。我相信一旦经济有所恢复，我们一定会赢得竞争，这大概还需要一段时间。要想从2014年秋天就开始衰落的能源部门恢复元气，并不是短时间内就可以达到的。

---

①　西海岸现代主义风格（the West Coast Modernism Style）由罗恩·托姆（Ron Thom），亚瑟·埃里克森及其学生提出。

整个世界都需要适应环境的剧变，很明显，阿尔伯塔（Alberta）还有很长的路要走。我们知道这将会是一个长期投资，但是我们有强大的合作伙伴，而且我们也看到了阿尔伯塔省的韧性，因此我们所需要做的只是耐心等待。

　　向东移动——我们在多伦多的冒险开始于香格里拉酒店及相关的一系列项目，其中包括和我们的长期合作伙伴，培新集团的杨世奔（Ben Yeung）以及阿夫塔尔·贝恩斯（Avtar Bains），合作完成的Soho House 高级私人会所和福桃（Momofuku）餐厅。随着我们其余四个项目的发展，西岸集团在多伦多会有很好的声誉。

　　距离香格里拉酒店项目仅仅一个街区，就是邓肯 19 号项目。这是一个租赁房与历史办公建筑的组合。在这个项目的附近还有我们的另一个作品——目前已经成为一个备受多伦多创意人士欢迎的高级私人会所，Soho House。我们同时也计划通过邓肯 19 号项目，为 Soho House 增加一个水疗服务场所和一个健身房。在这个项目中，我们也再次加强了我们与迈克尔·埃默里（Michael Emory）的安奈德基金的合作（他们投资的房产就位于周边街区）。埃默里是第一个认识到新兴创意、数字经济以及它们对于办公空间、地点的要求与其他经济类公司有所差异的人。他既是一位具有有远见卓识的人，同时也是一个绝佳的合作伙伴。他的远见卓识帮助我们最终说服了加拿大最好的全球品牌之一的汤森路透（Thomson Reuters），使他们租下了邓肯 19 号所有的办公室，作为他们的全球创新中心。最终，吸引他们入驻的是我们的建筑质量，以及具有吸引力的选址：紧邻金融中心，设施丰富以及被充满活力的社区所包围——这正是年轻人们所向往的工作环境。

　　我们的第二个项目位于布洛尔街与巴瑟斯特街（Bloor and Bathurst）。在那里，我们和培新集团一起从戴维·马维殊（David Mirvish）那里于 2014 年买下了 Honest Ed's 折扣百货公司——我们在多伦多最具标志性的地方占据了 3.5 英亩的土地，这既是一个机会，同时更是一份责任。我们有义务对人们与这个地方的历史联系保持尊重。因此，我们和恩里克斯建筑事务所一起，放弃了典型的大型多伦多商业发展模式，转而设计了更加适合布洛尔街的小型零售和步行街。这个项目将会很好地融入街区，并且发展成一个新的商业集市。

　　马维殊村将是创新能源通过超越建筑规模展示智能城市建设的又一机会。我们将会在这个项目中建设马维殊村街区能源系统，这是一个街区规模的能源网络，将会提供稳定而可再生的热源、冷源以及电力。这个项目最初的重点在于利用现场发电回收的废热，来供应场地上原有的 24 座历史保护建筑以及 6 栋新建筑（包括 5 个高层）。相比独立系统，这个街区规模的能源网成本将会更低，更加稳定。它将证明我们有能力使用低碳技术，并且随着福科纳斯（Four Corners）的发展，这个系统还可以进一步对其他建筑提供服务。正如对于历史街区的发展需要尊重它们的历史一样，我们同样有责任确保建筑物设计的可持续性。该系统提供的环境友好型的设计不仅有利于整个开发区域，邻近的社区也将大有裨益。

　　我们第三个令人兴奋的大规模项目位于士巴丹拿街（Spadina）以西的国王街，多伦多一号公馆。安奈德基金在国王街汇集了大约 140 米长的一片场地，这条街的车道和通道类似养兔场。虽然有些人可能认为这很难处理，但我们却从中看到了将这些车道转变成非正式的室内空间，从而提供让人们驻留的机会。这里的挑战是设计出一个更有趣、宜人的地方，而不是又一个巨大的、上面顶着一个高层建筑的广场。

　　为此，我们再次向比雅克·英格尔斯和他的团队提出了一项任务：在这个由安奈德苦心经营了 20 余年的、绝佳的场地上创造一个社区。他们提出了很多实际可行的方案，但是由于并没有完全达到我们对于这片场地的期待，被一一推翻。我一直喜欢蒙特利尔的栖息地 67 号住宅和巴黎的玻璃之家（Maison de Verre），一是因为它们理想的品质，二是因为其独特的审美。于是，以此为灵感，比雅克团队提出了一个"地中海山中小镇"的概念，并且依然保有对场地的回应与尊重。这个设计包含三个独特的属性：庭院建筑类型（这种建筑类型在北美很少见），整个场地的巷道在零售和住宅大堂入口整合，以及山中步道所体现的开放空间的包容性。比雅克团队沿着国王街的人行道开放了三个口，将公众引入一个充满艺术和商业，庞大的中央庭院。从街道上看这个设计，真的是如英格尔斯所描述的一样："山峰和山谷"。它们由 12 英尺的模块构成，整体作了 45 度的旋转，以优化视野并引入更多阳光。设计中提供了大量的私人空间，每个都提供了完全不同的视野；每一个模块的屋顶都为它相邻的模块提供了一个露天起居室。这个设计包含 500 个住宅单元，最高达 17 层。设计的整体效果确实可以让人联想到摩西·萨夫迪（Moshe Safdie）在蒙特利尔所做的栖息地 67 号住宅。萨夫迪的灵感来自于基布兹（Kibbutz），在希伯来语中它的含义为"聚会或聚集"，这是一个能够实现社区共居的好地方。社区旨在加强对私人空间保护的同时，分享公共空间和灵感，为居住或旅居的每个人提供最大的便利。另一个灵感来自于玻璃之家，体现在建筑物的玻璃砖外观上：它们具有反射性、半透明度和透明度。通过对周围环境的映射以及夜晚居民的住房中的灯光变化，玻璃砖使这栋建筑变得生动起来。简单地说，这是一个用建筑创新来创造社区的尝试，并且获得了良好的反馈。尽管这个设计呼应了周围环境，并为多伦多创造了一种新的建筑类型，但它也打破了十几个规划规则，因为这个设计没有先例。

类似于谭秉荣设计的百老汇商业街、比雅克团队设计的温哥华一号公馆、格雷戈里·恩里克斯设计的马维殊村，以及已经落成的霍德商城，多伦多一号公馆这个项目是又一个利用建筑解决城市化挑战的案例。并且我坚定地认为，一旦没有处理好密度问题，设计最后呈现出来的会是一个冷漠、充满隔阂的社区；但是如果做得好的话，这个社区就会富有凝聚力，生机勃勃。

New Adventures
新的探索

我们目前有三个位于西雅图的项目正在进行中，其中包括弗莱博物馆（Frye）、斯图尔特 1200 号，以及西雅图晨曦（3rd and Virginia）。它们像我们在温哥华和多伦多的一些项目一样复杂而有层次，并且远超西雅图市场近期发展的所有项目，我们长期发展的目标是在西雅图进行更多意义重大的项目。西雅图这座城市前途光明，它的世界级公司数量惊人，自然环境优美，优秀大学众多，拥有相对先进的政治环境，且离温哥华只有两个半小时的路程。我认为当西雅图社会各界看到我们所做的一切能够切实有益于社区的建设之时，我们在西雅图的事业发展就会一帆风顺，同时也为我们在这个城市未来的长足发展打下坚实的基础。

如今西雅图无疑已与温哥华、多伦多一道成为西岸集团发展的重心，所以对于我们来说，下一阶段的重点是这三个城市，再加上东京。话虽如此，如果能够找到具有独特价值的项目，我们也很可能会将关注范围向南，沿海岸延伸到旧金山湾区和洛杉矶。夏威夷同样具有吸引力，但我们还需观望。早先在科奥利纳（Ko Olina）的试水提醒我们，为了践行我们的做事准则，势必要控制项目，并且与合作伙伴在价值观上保持完全一致。面对来自世界各地的各种机遇，我们必须十分挑剔，从长计议。

有一个城市看上去离我们有一定距离，却又在渐渐发展成为另一个地区中心，那就是东京。东京是我极其热爱的城市，它具备了所有我们所描绘的美好城市的要素。东京的美好令我想要把自己在建设计划方面的理念，付诸实践，让我可以不断学习进取，汲取这座城市所呈现给我们的文化交流中的所有营养。理想的话，我希望在未来几年结束只是偶尔生活在东京的状态。我们很高兴与隈研吾在由他担任主要建筑师的 2020 年东京奥运会新竞技场项目中再次合作。我们在这个精彩的城市的第一个作品——竹谧·隈研吾（Kita），虽然相对规模并不是很大，但却有极大的突破，它反映了我们持续推进工作的愿望。最重要的是，它是我们在世界最具激情的城市之一的立足点。我们在东京一起合作的第二个项目赤坂更为宏大，此项目将有潜力超越任何东京已有的项目。

综上所述，我其实是想表达两件事。首先，我们正拨云见日，我们熟知如何开发项目。西岸集团能跃然于最复杂的环境中，并创造一种多层次的解决方案，在环境、社会、文化及经济方面响应当地需求和可持续发展。其次，我们可以提供具有真正价值的独特的东西，这些东西将我们置于有风险的关键转折点，同时提出一个重大且实际的问题：有能力去做更多，也许比更多还多时，我们是应该坚持我们已知的，还是应该追求更高目标？

了解我们的人一定对这个问题的答案了然于胸，西岸集团与业内其他公司相比较更为年轻，处在极速上升学习期，但会越来越强大。我们将需要继续在公司内部和我们拓展领域中扩充人才，寻求新机遇提升自我。我所需要继续努力的领域之一是寻找合作伙伴，和一些能够尽可能使我们的努力集中于提高艺术性、减少干扰和阻力的机会。这些项目会创造让精力只用来提升工作品质的环境，以最小化在工作过程中面对繁杂环境所耗费的精力。

还有另一个复杂的层面，如同我们每一个项目一样，我们希望西岸集团能带来最好的东西，并通过这个过程，使我们的城市更加美丽。我们的项目正变得更加多元且富有层次，目前这些项目为建立一个世界上独一无二的平台任重道远，并且有义务在接下来几年成就一些伟大的城市建设。西岸集团正在模糊它作为开发商的概念。

显然，我们不符合开发商的通常描述。随着我们目前的发展和举措越发明晰的不仅是这一点，而是我们正在成为什么样的角色。现在，我为我们目前所从事的事业而感到非常快乐。

我们追求美无止境。

为何本书穿插了一张位于汉密尔顿大街人行道中央一棵树的照片呢？因为当我第一次发现这棵树的时候，它着实给我带来了快乐。当你想到城市这个字眼的时候，你会发现几乎所有城市的人行道都是千篇一律的。这种千篇一律的单调令一个城市失去新意，失去光芒，失去创造力和激情，同时也令我们难以感到快乐。故而，发现这棵树的美丽一刻令我万分欣喜，它是怎样出现在人行道的中间的呢？当时一定有很多的工程师在思忖怎么样能够保留这棵树，怎么样在树的周围打造服务设施，而不是简单地将它伐倒了事。最终他们并没有伐倒这棵树。某个人做出了明智的决定让这棵树留在了人行道中间，我很想对他说声感谢。大自然不应该成为文明的对立面，而应当被看作文明的一个基本组成部分，艺术和建筑，亦是如此。藐视它们中的任何一个，都意味着人类在贬低文化。自然、艺术和建筑，都应该成为我们生命中的美好追求。

Farouk Babul

Amy Teng   Spencer Purdy   Karly Morgan

Jay Vidler   Joe Knight

Michael Braun

Sean Gillespie

Kelly Daines   Doug King

Freddie Gillespie   Kelvin Haddaway-Graham   Christina Sun

Richard Neindorf

Lindsay Noyes

Kelsey Devine   Brady

Christian Boier   Nello Cafariello   Ilmi Brahaj

Architects and Artists
建筑师和艺术家们

郑景明

格雷戈里·恩里克斯

比雅克·英格尔斯

保罗·梅里克

彼得·巴斯比

大卫·庞特里尼

谭秉荣

隈研吾

格温·博伊尔

戴尔·奇胡利

黛安娜·塔特尔

斯坦·道格拉斯

利亚姆·吉利克

艾德琳·赖

欧迈·阿尔贝尔

张洹

苏珊·庞特

莉丝·特里斯

凯莉·坎耐尔

托马斯·坎耐尔

克里斯塔·庞特

黛布拉·斯派洛

罗宾·斯派洛

马丁·博伊斯

罗恩·泰拉达

卡恩·李

道格拉斯·柯普兰

罗德尼·格雷厄姆

张欧

肯·伦

希瑟·莫里森

伊万·莫里森

伊丽莎白·普拉特

绘泽浩太

达米安·莫佩佩特

没顶公司

马克·李维斯

巴巴科·哥尔卡

罗伯特·尤兹

瑞约·塞尼·卡特

伊丽莎白·兹沃纳尔

玛丽娜·罗伊

曾建华

James K.M. Cheng
郑景明

他是西岸集团真正意义上的第一个住宅建筑师。再没有其他的什么人能够像他一样，慷慨地付出他宝贵的时间来向我解释，并在我的建筑实践上产生如此大的影响。我认识景明的时候是 1990 年初。那时，多亏了孟霍之（Hock Meng Hea）——我的合作伙伴以及导师，我们得到了阿尔伯尼街上的派乐斯豪庭项目。实际上，当时我们请了很多建筑师来考察这个项目，包括郑景明。在讲述过程中，他向我们展示出了他对于设计的激情，对于项目本质的精准把握，并作出了一定的个人承诺，因此最终我们选择了他作为这个项目的主要建筑师。在项目的推进过程中，景明和拉里·比斯利（Larry Beasley）一起提出了的"塔台风格"（目前被称为"温哥华主义"）——这种风格的提出是我们近 20 年的共事中最为骄傲的。过程总是充满艰难的：当你想要尽力保持原有设计的完整性，同时又想要实现野心的时候，项目推进的困难程度简直无法言状。幸运的是，景明和我都是越挫越勇的斗士，我们齐心协力，共同克服面临的一切困难。"永不言弃"，这大概是我在我们的相处中学到的最重要的事情之一。总之，对于我最初的选择，我深感幸运，与郑景明的合作令我满心欢喜。就在我写第二本书的时候，我们正在合力促成又一个好作品：位于西雅图的西雅图晨曦。从很多方面，我都认为我们未来可以在西雅图发挥的作用可能与我们在温哥华的影响相当；而不同的地方或许在于，我们当初从未料想到能够对温哥华产生如此大的影响——这只能随着时间而显露出来。现在，对于我们此次能够参与西雅图城市建设中的好机会，我们也绝对不会让它白白溜走。

Richard Henriquez
理查德·恩里克斯

有的时候是开发商寻找建筑师，有时则恰好相反——而在我们与恩里克斯建筑事务所之间，这两个故事都发生了。第一个故事的时间是 1999 年，当时理查德·恩里克斯主动找到我，给我推荐了一个项目。如果换作其他开发商，他们也许不会接手，因为项目太小、太难并且不切实际。这是高豪港一块 55 英尺 × 264 英尺的地产，理查德同时为这个项目做了一个令我无法拒绝的设计——这个设计让我联想到一艘朝向街对面的码头、扬帆远航的邮轮。这就是后来于 2003 年因卓越的建筑设计而获奖的泊寓项目（Dockside）。更重要的是，这个项目从此种下了连接恩里克斯建筑事务所与西岸集团的种子。

Gregory Henriquez
格雷戈里·恩里克斯

后来在 2004 年，我接触到了来自恩里克斯家族的第二位建筑师，理查德的儿子——格雷戈里·恩里克斯。从这时开始，格雷戈里开始在恩里克斯建筑事务所发挥越来越重要的作用，并且成功引起了我对位于市中心东部的复杂的霍德商城重建项目的兴趣。当时有十几个团队提交了他们的方案，并且有传闻说，一个大开发商的方案最受欢迎。然而格雷戈里不断地劝我说，这个项目正是我需要做的；而当我发现我的另一个合伙人杨世奔对这个项目也十分感兴趣时，我就再也没有理由无视这个挑战了。从一开始我们就很清楚，要想赢得这个竞赛，我们必须提出一个更加优秀的概念；但是也不能止步于此，如果要做这件事，就一定要倾尽全力。

我们设计的霍德商城重建项目是以改变城市来振兴社区的范例，并且这也成为西岸集团与恩里克斯建筑事务所长期合作的开端。作为一名有力的领导者以及优秀的建筑师，格雷戈里已经有能力领导完成十分复杂的设计，例如多伦多的马维殊村开发项目，这也许是近代多伦多城市发展史上最重要的开发项目之一。这个项目位于加拿大最昂贵的一块土地上，历经一年半的计划酝酿、两年的公众咨询和一年的规划和谈判，此项目受到了万众的瞩目与期待。而且，考虑到马维殊村的基地上有 24 座历史保护建筑，并且由于场地临近两个选区，且每一个都有不同的顾问；这块土地的开发会牵扯数以千计的多伦多市民的个人利益，因此此片土地权利关系的复杂程度丝毫不亚于设计本身。为了解决这个问题，我们对超过 3 万个相关的多伦多市民进行了问询。这或许是多伦多历史上最广泛的公众问询之一。最后，我们在若干方面进行了妥协——不过我要再次说明：如果我们并不是心甘情愿地倾听并作出回应，我们所做的一切咨询也就失去了意义。这次彻底的公众问询也表明了我们的坚持，并且最终帮助我们改进了设计。

实际上，西岸集团与恩里克斯建筑事务所的合作时间非常短，但无论是我们合作项目的数量，还是实际的工作量，都是非常惊人的。从霍德商城开始，到最近的研科花园，我们已经共同完成了 10 个项目；不仅仅是这些完成的项目，还有目前正在进行的西雅图的斯图尔特 1200 号、多伦多的马维殊村以及温哥华的橡树岭中心商场重建项目——这些也是我们在这三个城市中最重要的几个发展项目之一。这一切都是对我们团队的考验，但是最终，也都会成为我们实力的证明。

Bjarke Ingels
比雅克·英格尔斯
_____

2010 年，我非常幸运地提前看到了比雅克建筑事务所（以下简称为 BIG 建筑事务所）的首席建筑师比雅克·英格尔斯为温哥华建筑团体以及规划人员作的报告。在看完 BIG 建筑事务所的作品之后，我立刻产生了请他共事的愿望。后来郑景明也看了比雅克的公开报告，并且紧接着在第二天就来找我，建议我们寻找一个与比雅克见面的机会。因此，就这样非常慷慨地，郑景明同意让比雅克和他的团队参与我们已经做了一段时间的滨豪（Beach and Howe）项目中来，看他们怎样应对基地条件的局限，能否提出一个更加富有创新性的方案来解决它。比雅克的回应非常快而且富有远见，实际上它创造了一种新的建筑类型。我们现在回头再看这个设计，能深切地感受到它与城市之间的紧密联系。这个位于格兰威尔街桥头堡（Granville Street Bridgehead），BIG 建筑事务所设计的温哥华一号公馆项目正

在建设中，我相信它将会成为市中心的又一鲜明标志。除此之外，还有卡尔加里的研科云庭项目和位于多伦多卓越的多伦多一号公馆项目。随着这些项目的逐渐落成，比雅克也不断地向世界证明他是目前世界上最具有创意的建筑师之一。而且令我感到高兴的是，就在写这本书的过程中，我们一起成功地说服了多伦多的规划部门，完整地保留了我们在多伦多一号公馆项目上最初的概念。目前温哥华一号公馆和研科云庭的建设工程都在顺利地进行，并且我可以自信地说，它们会比我们承诺的更令人惊艳。除了我们希望能够在 2019 年初开始在国王街上建设的工程之外，我们正在继续推进西雅图的一个已经持续进行了很久的大工程，并且在申请温哥华的贝蒂街和乔治亚街的重新规划项目。比雅克还有他的合伙人托马斯·克里斯托弗森（Thomas Christoffersen）以及他们的团队疯狂无畏且富有野心，极富感染力；我相信在未来很长的一段时间内，我们将继续进行更多的合作。

Bing Thom
谭秉荣
_____

我一直都很喜欢谭秉荣的作品。因此，当我知道他同意和我一起去看看位于布拉德和尼尔森的第一浸信会的房产时，我感到无比兴奋。已故的孟霍之是第一浸信会的活跃信徒，并且在十年前，通过他我自愿参与了如何最好地来开发教堂后的那片土地的规划。多年之后，教会的领导层选择让西岸集团来再开发这片土地。因此那时，我想寻找一个能够把这个机会落实为真正价值的人。而在看过场地之后，谭秉荣立刻就接下了这个项目，他最终为我们呈现出一个美丽非凡而又充满创意的高层住宅设计方案。设计包括有一个向外伸出的花园——一般具有这种花园的建筑，大厅内部温度普遍比较低，但是这个设计的目的在于将传统的公共空间转变为社会互动的催化剂。

我们花了两年多的时间和十几次不同的尝试才达成我们称为"蝴蝶"的计划。有了这个雄心勃勃的教会项目和我们与温哥华市规划部门的不懈斗争，最终的设计成果将会是温哥华有史以来最好的几个作

品之一。就像由建筑师隈研吾设计的阿铂尼一样，随着更多的激情、时间和精力的投入，这个项目正不断变得越来越完美。

2016 年 10 月 4 日的深夜，我接到了一个朋友，凯利博·陈（Caleb Chan）的电话。她告诉我谭秉荣已经去世了。仅仅四天前，也就是上周六，我们两个才见过面；第二天周日，谭秉荣飞去香港看项目；周一，就在香港，他由于大脑动脉瘤突然破裂而去世。就这样，我不仅失去了一个建筑合作伙伴，还失去了一位刚刚有幸拥有的好朋友。这种感觉就好像，属于我们的旅行才刚刚开始，就被迫中断了。

谭秉荣逝世的时候，西岸集团可能是谭秉荣事务所最大的客户。令人欣慰的是，在维内林·考克罗夫与迈克尔·海尼（Michael Heeney）的带领下，谭秉荣的团队努力振作起来，继续迎接未完成的挑战。虽然极度悲伤，但是大家都下定决心要完成谭的工作。因此，他们把全部的热情都投入了布拉德和尼尔森"蝴蝶"项目的收尾工作、1684 阿铂尼的设计项目以及百老汇商业街项目。这三个项目将会成为谭秉荣的遗作中重要的组成部分，并且帮助他经营多年的团队继续传递他们事务所独特的设计理念。"蝴蝶"项目的设计已经彻底完成，1684 阿铂尼的设计工作依然在进行，而城市建设中重要的一部分：百老汇商业街项目也即将落成——每一个设计都带有鲜明的谭秉荣的特征。

谭秉荣是一名伟大的思想家、卓越的设计师和勇敢的斗士。在我看来，即使在我们共事之前，他也一直支持着我们的工作，因为他理解我们的追求。我毫不怀疑如果没有这件令人悲伤的事情，我们会一起完成更多的令人惊艳的杰作。我非常想念他。

Kengo kuma
隈研吾

在与郑景明一起进行瓦胡岛的科奥利纳度假区总体规划设计的工作期间，我向世界上最受尊敬的 12 位建筑师发出了邀请函。我们希望科奥利纳度假区不仅仅是一个具有热带风情、提供奢华享受的地方。

我们希望建筑本身也让人感到不虚此行。这 12 位建筑师基本上都回复了我的邀请，其中就包括后来紧接着赢得了东京 2020 年夏季奥林匹克体育场设计竞标的日本建筑师，隈研吾。我认为他的作品可以被称为日本文化的现代阐释。他的作品关注于空间，在建筑与自然之间不断游走，探索两者的相融。我个人十分欣赏他创造的那种模糊、透明的形式，和他追求的那种短暂的、体验式的建筑语言。与隈研吾合作的最大乐趣之一在于，他致力于让他设计的每一处都具有一定的深刻内涵。因此在未来，在 1550 阿铂尼的新住宅楼里，温哥华人将可以从建筑的每个构件、表面、角度还有线条中找到一个专属的美的隐喻。隈研吾是世界有名的建筑大师，而他在北美的第一个作品将会位于温哥华！毫无疑问，隈研吾设计的阿铂尼将不仅是隈研吾自己以及他的团队的成就，并且同时会为我们的城市增光添彩。我们与隈研吾的合作关系现在已经发展成为业务的重要组成部分，包括我们在东京的首个项目，竹谧和赤坂。我们将会在独特的场地约束条件下，提出独特的西岸集团方案。这两个项目都是具有严酷的局限从而需要激发创造力的完美案例，我相信，在与隈研吾未来的合作中，将会有很多类似的项目。

我认为，与隈研吾建筑都市设计事务所合作的最有趣的部分之一，是他们可以完美适应各种规模的项目。在进行东京奥林匹克体育场这样巨大体量设计的同时，他还可以和我们一起完成像萧氏大厦顶部的茶室，或者大堂中的星巴克咖啡馆这样的小体量设计。我们和隈研吾事务所一同在东京做的第二个项目是赤坂——这是一个时刻让你保持神清气爽的设计。我一直极度赞叹于日本建筑的施工以及设计质量——这大概可以成为我们希望在日本有所建设的最重要的原因了。但是即使在这样高标准的风气之下，我也认为这个设计的精美足够引人注目，脱颖而出。

在东京工作有独特的挑战；毕竟，房地产是最具有地域局限性的事业，因此，我们的团队在东京几乎找不到实践机会。而在这方面，隈研吾的设计团队对我们来说简直是无价之宝。我致力于使东京成为我们实践的重要组成部分，希望至少一年就可以接到一个新项目，并且随着我们对于这个独特的城市理解的加深、信心的增强以及经验的积累，项目的复杂程度最好随着时间而不断加深。毫无疑问，隈研吾建筑都市设计事务所是实现这个雄心的关键。

我们期待着在东京与隈研吾建筑都市设计事务所有更多的合作，也期待未来在北美的项目中再次合作。

Paul Merrick
保罗·梅里克
——————————

和伟大的建筑师合作往往是愉快的，而与保罗·梅里克的合作更是如此。二十年前，我在一个志愿团队中，在重建杰里科网球俱乐部的工作上曾经和他合作过。当时，我就已经非常仰慕他了；无论是他对于东岸特有的建筑语言的熟悉程度、独到的审美还是仿佛天生的比例与构图感。考虑到这些因素，在我看来，选择他作为位于马蹄湾的丹·斯威尔码头的"西岸现代"项目的设计师真的是最佳选择。在这个项目中，梅里克用他对于建筑与环境关系的独特理解，将西岸建筑的所有美好的品质都融入了这个设计。再没有哪位建筑师可以像他一样，如此完美地将建筑融入周围环境，同时又对马蹄湾港口的风景有所增色。后来，我们又委托梅里克的事务所负责配合隈研吾事务所在1550阿铂尼项目上的实地执行工作，并且很高兴地看到两方的合作非常顺利。实际上，一个好的建筑师总是不由自主地想要控制设计的指挥权，更不要说是拥有如此多成功作品的梅里克建筑事务所了。他们是那么希望为城市作些贡献，在这样特殊的项目上这样积极地配合我们，是我们最为珍视和感激的。最后，也许就像梅里克自己提出的观点：伟大的建筑师从来都不是孤独的。例如他自己，就一直受到合伙人格雷格·得罗夫斯基（Greg Borowski）的鼎力支持。格雷格·得罗夫斯基是一位思虑周全而富有洞察力的建筑师，同时又是一位伟大的领导者。梅里克建筑事务所和我们在西格鲁吉亚400号项目上也有合作，并再次证明团队的有力协作是成功的关键。我们的合作非常愉快。在这个项目上我们进行了很多尝试，例如合金和混凝土结构的使用、加快审批和施工方法的运用，还有一个极度充满野心的设计——我们希望可以获得LEED白金认证。我们希望它的建成可以强化乔治亚街的仪式感，尤其是在乔治亚街高架桥面临迁走的当下。

David·Pontarini
大卫·庞特里尼
——————————

在我们与大卫·庞特里尼和他的团队第一次合作的时候，他们正以在多伦多做的一些很好的中小规模项目而声名鹊起。那时，我们正在寻找一个强大的本地团队协助郑景明负责执行我们在多伦多的第一个项目，多伦多香格里拉酒店，并促使他们合作完成工程。在多伦多香格里拉酒店即将完成的短短几年内，大卫的公司一跃成为多伦多首屈一指的住宅设计公司。同时，随着我们在多伦多工程的增加，我们和哈里里·庞特里尼（Hariri Pontarini）建筑事务所也越走越近。我们第二个大型合作项目位于邓肯街19号。在这个项目中，我们想要在一个历史建筑之上设计一个现代住宅建筑，同时也扩大我们在阿德莱德街的办公室规模。我们认为这个区域将来会成为多伦多市一个新的市中心。我们希望我们可以巩固并延续香格里拉酒店项目的成功，并且把这片地区成功打造成为全加拿大最优秀的社区。因此哈里里·庞特里尼建筑事务所将继续成为我们在多伦多发展的重要合作伙伴，就像在恩里克斯建筑师事务所之于西岸集团的作用一样举足轻重。

Peter Busby
彼得·巴斯比
——————————

我们已经与彼得·巴斯比合作多年，他把他的公司与帕金斯－威尔（Perkins & Will）公司合并对我们来说是一件很好的事。作为加拿大绿色建筑委员会的创始人兼现任主席，巴斯比对于可持续发展的强调、可再生设计以及对于卓越的追求在全球范围内得到了广泛的认可。在他的领导下，帕金斯－威尔公司在太平洋西北岸保持强大根基的同时，已经成长为可持续建筑发展的全球领导者。随着我们在北美西海岸更多项目的开展，我们发现帕金斯－威尔的环境设计理念恰恰与我们对于该地区的设计和城市建设追求相吻合。他们不断努力提高能源效率，并减少建筑碳排放量，这无疑是与西岸集团的价值观念高度契合的。正因我们拥有共同的理想和愿景，我们双方在西雅图的第一个合作项目，弗莱博物馆的设计尤其大胆前卫。这个项目有可能成为我们迄今为止最好的设计之一，弗莱博物馆不仅仅是我们为西雅图所打造的城市名片，同时也是我们在城市可持续发展领域的第一次成功实践。帕金斯·威尔团队出色地完成了我们在西雅图迄今为止的所有项目，因此我也确信他们会成为未来几年我们在西雅图的主要建筑合作伙伴。

实际上除了以上我提到的建筑师们之外，还有很多的建筑师：有的目前正在和我们紧密关系，还有的我们希望能够在未来寻求合作之良机。随着我们工程实践的不断发展，我们将继续与许多建筑师建立伙伴关系，不仅为我们的工作注入灵感，而且推动我和团队不断成长。我们希望未来所有的项目富有足够的挑战性，以激发来自世界各地的才华横溢的建筑师们的创造力；同时，我们还希望我们的项目能够有机会发掘和提携新的设计人才，因为新生代建筑师已经逐渐开始崭露锋芒。实际上，我们已经开始与两个事业刚刚起步的东京青年建筑师——迈克尔·西肯斯和埃斯特班·奥克格威亚展开合作。看到新人在我们的帮助下有所成长真的让人感到由衷的喜悦，而且这两个人在未来几年可能会成为西岸许多项目设计的重要参与者。他们将与我们的团队合作完成西格鲁吉亚 400 号的设计，我相信无论什么项目，他们都将会有所创新。我们很高兴与这样有才华的设计师合作，并期待未来与更多的世界顶级建筑师合作。希望在我们下一本书付印之时，我们将会有更多崭新的建筑设计问世，而每一次独特创新的建筑实践都将为我们的事业增光添彩。

这一画面背后的想法是创造一个梦幻的城市视角，你能在同一条天际线上看到西岸集团所有最优秀的作品。海报是由扎凯尔科设计事务所（Zacharko）设计的，他的创意是将我们所有的建筑作品拼贴并浓缩为一幅美丽的画卷。

Architect Responses
建筑师的反馈

James K. M. Cheng
郑景明

1947 年出生在中国香港

母校
哈佛大学，建筑硕士

公司
郑景明建筑事务所

西岸集团代表作

西雅图晨曦，2021 年
多伦多香格里拉酒店御庭，2012 年
费尔蒙特环太平洋酒店御庭，2010 年
维多利亚瀑布花园，2009 年
温哥华香格里拉酒店御庭，2008 年
水苑，2008 年
蔚蓝豪庭，2008 年
萧氏大厦，2005 年
西岸集团办公室，2005 年
格莱斯宾住宅，2003 年
格鲁吉亚豪庭，1998 年
派乐斯豪庭，1996 年

每当伊恩和我一起开始一个项目时，我们都会谈论项目的方向、特点以及我们如何使这个项目具有独一无二的价值——我们永远在突破功能和惯例中探索和挣扎，但这就是我们的诗、美与灵魂；我们致力于把一个项目从商品转变为一件艺术品，并为城市建设作出贡献。

每个项目都带给我们不一样的挑战：派尔斯豪庭是我们的第一个项目，也是第一个植入了公共艺术的项目；这个项目的挑战就在于如何将公共艺术整合到设计过程中，让它不仅仅是一个角落里孤零零的装饰品；对于格鲁吉亚豪庭来说，它的挑战在于如何使设计中郁郁葱葱的前院与乔治亚街（温哥华市的两条具有仪式性的街道之一）和谐相融；温哥华香格里拉酒店是温哥华市最高的建筑，它的困难在于如何使其成为温哥华的标志以及如何保有一个永久户外艺术场地；而萧氏大厦甚至连基地都没有，我们不得不自己想办法解决这个问题。温哥华最初在位于布拉德和科尔多瓦街（West Cordova）的海事大楼（Marine Building）就戛然而止，再往前走，你就能只能看到铁路。我们不断游说城市工程与规划部门，告诉他们，我们可以在那里建造并由此延伸出一个新的城市空间。最后，我们完全颠覆了城市关于布拉德街区的一切想象：我们创造了一个新的市民广场，四周环绕美丽的园林，当然还有精美的住宅。

还有费尔蒙特环太平洋酒店项目。这个项目是非常复杂的：它是温哥华最大的单体建筑，业主要求整合酒店与居住功能，而基地本身就有 40 英尺高。更加复杂的还有会议中心采用的复杂的地下装载和服务方案，以及各种利益相关者的处置问题。我们的下一个合作项目位于西雅图，这将带来全新的挑战。

怎样将伊恩对于建筑的激情和众多想法编辑和整合成一个统一的概念，是我们永恒的主题。我需要做的，就是抓住一个思想核心，并围绕着这个核心展开一切其他的元素。与伊恩的合作就是一种突破：他一直试图突破常规。开辟一条新路总是艰难的：你需要努力与基地、计划、经济、常识、规范甚至自己作抗争；换句话说，你总是走在反常规的道路上——这是一个全然未知的旅程。

派乐斯豪庭，1996 年
加拿大，温哥华

　　派乐斯豪庭对于西岸集团来说是最重要的，是我们第一栋豪华高层项目，也是我们在阿尔伯尼街上第一个项目，还是和建筑师郑景明合作的第一个项目。整个建筑由两座椭圆形塔楼组成，共272 个单元，正因为有了派乐斯豪庭，阿尔伯尼街才为人所知，这是一个绝佳的居住区。1998 年这个项目获得加拿大"总督奖"优秀建筑，现在它与开幕当天相比依然魅力不减，再加上对面的格鲁吉亚豪庭，这些都是我们为这片区域所作的努力，看到现已发展成高水准的阿尔伯尼街区我感到非常骄傲。该项目是由西岸集团以及我朋友孟霍之的香港郭氏集团共同开发的。

格鲁吉亚豪庭，1998 年
加拿大，温哥华

　　这个项目有两栋 36 层的塔楼，两栋楼之间是一栋栋联排别墅。格鲁吉亚豪庭被温哥华评为"过去十年对各自片区和社区的城市设计作出重大贡献，且增强了城市的新型形式的项目之一"。除了阐释持久不变的设计价值观以外，格鲁吉亚豪庭在施工方面也非常杰出。尽管所处的位置濒临建筑遗产地，但是在 Ledcor 集团 ① 和布鲁斯·蒂德博尔（Burce Tidball）的合作下，该项目还是仅仅用了 19 个月在不超预算的情况下施工完毕。这个项目也是我们与长期合作伙伴鲍勃·伦尼（Bob Rennie）在温哥华进行的最成功的住宅营销活动之一，也是我们与长期伙伴孟霍之合作的一个项目。我们全家在这里住了将近五年，我有时候还是很怀念它。

---

① Ledcor 集团，加拿大建筑商。

我们应温哥华市政厅的要求修复了艾博特屋。我们去除了屋外的一些附加物，保留了它的原结构，并加以规划设计，建设了一个五层的地下停车场。在此期间有件趣事，就是人们在修复艾博特屋的时候发现，当初屋内房间的油漆用的是 CPR 红色油漆，与加拿大太平洋铁路车厢所用的油漆一模一样。

经过精心修复的艾博特屋位于杰维斯街 720 号，它始建于 1899 年。这是温哥华西区"一战"之前遗留下来的为数不多的豪宅之一，当时该地区被称作"蓝血巷"。艾博特屋由亨利·布雷斯维特·艾博特建造，他是一位受人尊敬的 CPR 高管，他曾经批准了清理温哥华旧城区的协议。艾博特街 111 号就是以他的名字而命名的。

格莱斯宾居所，2003 年
加拿大，温哥华

　　我家的房子是我 1998 年在从洛杉矶回程的航班上构想出来的。我知道我想要什么，我有一个不错的想法，郑景明从我手中接过它。我的想法是建一栋让斯蒂芬妮（Stephanie）和三个孩子都感觉很舒适的房子，同时加入一点我喜欢的现代元素。虽然这栋房子总是让位于其他工作，但是我依然享受其中。最后，经过四年，我们在 2002 年的10 月搬进了新家。设计住宅需要耗费大量时间，但确实是一种创造性的回报。也许下本书撰写之时，我们会在东京设计新的房子。这栋住宅之所以被纳入系列之中，是因为我觉得它显示了我们团队的成长，也同时见证了我与搭档郑景明的合作关系。

　　整个屋子的设计围绕着一个三层的玻璃楼梯展开，底部有一个锦鲤池塘，顶部则设有天窗。整个设计中，少量使用了混凝土、玻璃、石灰石、锌和樱桃木这些建筑材料。

西岸集团办公室，2005 年
加拿大，温哥华

　　郑景明个人当初对设计我们的办公室非常感兴趣，现在算下来我们已经搬进来 12 年了，我依然非常喜欢这个地方。这不仅仅是一个美的空间，而且功能完善，无疑是我们获得成功的重要因素之一。厨房在办公室的中心，它似乎是我们团队最喜欢的角落，而且我们已经重新翻修过好几次。我最喜欢的是接待前台背后的黑色不锈钢背景，它和红色的墙面形成对比，对面是承载设计核心的桌子。现在我们正准备重新设计办公室，把大部分团队安排在萧氏大厦六楼，把五楼预留出来以便不时之需。

萧氏大厦，2005 年
加拿大，温哥华

　　萧氏大厦已经矗立了 13 年了，这个综合性开发项目依然是城市中最高的建筑，整栋楼高 489 英尺，在 16 层写字楼之上还有 24 层豪华公寓，以及独特的生活 / 工作分区。萧氏大厦位于高豪港，毗邻海港绿色公园，是温哥华会议中心和温哥华著名的海堤的外延，场地甚至可能占据了从小瑟洛街到布拉德校园的一半。我认为这是一块无论任何时候都至少会有一个新项目在这里进行，希望可以更好地改善它。很幸运，我的伙伴能放手让我来推进，我相信我们已经在这里创造出了非常特别的东西，包括全国最有价值的写字楼（若以平方英尺计算的话）。

蔚蓝豪庭，2008 年
美国，达拉斯

　　我对我们在达拉斯的建筑作品感到非常自豪。在面对 2008 年金融危机的情况下，保质保量地完成这个项目，对于我们团队还有合作伙伴来说都是一个考验，我们不愿因任何情况对建筑工作妥协。贷款方破产了，建筑承包商破产了，买方进行了再融资，这些问题都迫使了我们花费了极大的精力才完成这个项目。

温哥华香格里拉酒店御庭，2008 年
加拿大，温哥华

　　我们设计的诸多建筑都改变了温哥华的天际线，其中最为出众的就是温哥华香格里拉酒店。高度上，香格里拉比建筑高度排名其次的大厦高出三分之一，完工时高 646 英尺，从设计到竣工，整个团队花了超过七年的努力。虽然这一路有很多质疑的声音，但是我们这支由杨世奔、阿夫塔尔、特里、郑景明、鲍勃·彼得森组成的小小的造梦团队以及整个西岸集团都在埋头向前，尽力做出我们最好的作品。十年过去了，我现在走进香格里拉还会像当年揭幕挂牌时一样开心。最近我们又重新翻新了多伦多香格里拉酒店大堂、费尔蒙特环太平洋酒店大堂和黄金酒廊，之后的几年我们还会和郑景明一起对温哥华香格里拉酒店的公共区域进行翻新。我们与长期合作伙伴培新集团共同开展的这个项目有众多非凡之处，其中包括我们与温哥华美术馆所一起筹办的室外美术馆。香格里拉酒店广场每六个月会引入新的公共艺术，使酒店不仅可以跟上时代潮流而且永葆其对民众的吸引力。

角落立面上的发光面板的全高度网格是这个项目的专利。它们是一种复合材料，由发光的涂层、彩色薄膜和肌理玻璃组成，可以吸收日光和周围光源的能量，并让吸收的能量在夜晚发出光亮，并且随角度和天气的不同变幻出不同的颜色。这些发光的网格就像建筑的面纱，覆盖在角落立面的玻璃表面，并起到了隐藏幕墙上的建筑排气孔的功效。它们不需要电线，也不消耗任何能量。

水苑，2008 年
加拿大，维多利亚

　　水苑位于维多利亚的水岸边，是我们在维多利亚完成的最令人赞叹的项目。这个拥有 185 个单元住宅的开发项目是由郑景明设计的，提供了度假式现代奢华公寓的居住模式。通过丰富的景观、水池和一些建筑特征，比如双层喷泉、拱券洞门、开敞的电梯和水疗设施，现代奢华展现无遗。项目中还包括两栋曲线建筑，一栋 6 层，一栋 9 层；九年来，这是我和景明最喜欢的项目之一。它真的非常漂亮。

费尔蒙特环太平洋酒店御庭，2010 年
加拿大，温哥华

    2006 年的夏天，西岸集团和培新集团开始了在高豪港开发场地上最后一个项目的建造。费尔蒙特环太平洋酒店如今被誉为加拿大的顶级酒店，在 2010 年为了迎接冬季奥运会而按时开张。项目包含一所 377 间客房的酒店，也是由我们持有；还有 175 间豪华住宅，当时以加拿大有史以来的最高价格出售。我们面临众多挑战，这个项目比温哥华其他建筑的体量要大得多，但是郑景明用绝妙的设计手法消减了建筑的体量感。我们还将利亚姆·吉利克的公共艺术品《躺在高楼顶，我却觉得云不像我躺在街道上看起来那么近》，融入酒店正面。这些努力证明了利用人们的聪明才智可以解决建筑方面的挑战。现在已经过去快七年了，我们还在不断更新艺术和文化内容。任何时候，西岸手头上都会有至少十几个项目，我们的最终目标就是让西岸旗下的酒店成为世界上最顶级的城市酒店。

多伦多香格里拉酒店御庭，2012 年
加拿大，多伦多

　　多伦多香格里拉酒店是我们初次涉足多伦多市场之作，该酒店高达 705 英尺，共有 202 间客房，还有 395 间豪华公寓。酒店坐落在大学大道上，这是多伦多一条仪式感很强的大道。酒店项目是在 2008 年 9 月经济大萧条期间开工的，这个项目庞大且功能复杂，除了面临常规挑战之外，还有巨大的资金压力，这一切都让项目几近崩溃，但是在朱蒂（Judy）的努力下，一切却不可思议地进行了下去。

　　该项目矗立在娱乐功能街区和金融区之间，因而这里的住户得以享受城市生活的便捷和活力，同时享受到五星级的香格里拉酒店带来的优质服务，该酒店于 2014 年被《每日壁纸》杂志评选为世界顶级都市酒店。酒店为业主和酒店客人提供一系列设施，包括带热水浴缸的小型健身游泳池、桑拿浴室和蒸汽浴室、水疗中心、健身中心、多功能空间和特色餐厅，其中一个餐厅是由备受赞誉的纽约大厨张戴维（David Chang）创立的福桃餐厅，餐厅共有三层，其设计是三重设计理念的综合体现。

　　这座高达 67 层的塔楼拥有折叠式的外观，既体现了大学大道的仪式感，同时也优雅地体现了建筑内的各种用途。建筑两端用三层玻璃立方体固定，展示了特色餐厅和活动空间。2012 年我们和安大略艺术馆合作策划了多伦多香格里拉酒店的公共艺术，并决定让上海艺术家张洹来创作。他的这件作品命名为《升腾》（Rising），这件公共艺术作品的体量非常巨大，在酒店内部和入口处都可以欣赏到它。和费尔蒙特环太平洋酒店相似，同样的合作伙伴西岸集团和琨新集团再次共同持有该酒店之所有权，双方合作的长期目标是不断完善分层艺术和文化，将其打造成世界上最好的都市酒店之一。

桃福餐厅，2012 年
加拿大，多伦多

　　由纽约大厨张戴维打造的三层餐厅重合了三种理念：底层是桃福面馆，主打餐厅大钟餐厅（Daisho），以及开放式厨房濑户餐厅（Shoto），以厨师的品尝菜单为特色。在经过设计事务所的设计后，香格里拉酒店的桃福餐厅把张戴维的特色风格带到多伦多。桃福餐厅的设计结合了建筑与自然元素，把现有建筑的优雅和张泊充满艺术感的"升腾"结合在一起。我们将桃福简约、原生态又优雅的内核同饮食文化混合在三层楼的建筑中，设计师在每一层都创造出不同的氛围。在第一层，设计师通过温暖热情的材料与色调营造出一种有序又混沌的氛围。二楼的私人餐厅用障子隔开，创造出一种宁静、优雅的环境。在三楼，设计者展现了三个立方体连接的概念：黑色立方体作为开放厨房，安放在漂浮于冰块内的木质百叶立方体之下。

Soho House 高级私人会所，2012 年
加拿大，多伦多

我们把 Soho House 高级私人会所引进了这里，设定在一幢 1830 年建成的建筑中，它是多伦多最古老的建筑之一。这期间，我们把这个原先的主教街一块块进行了拆除，我们发掘出了几乎所有的遗留物，小到刀叉餐碟，大到废弃水池，一砖一瓦都被检查编号、分类储存。这栋建筑原本是多伦多最早兴建的酒店之一，我们用原建筑的砖块对它进行了精心修复，采用了西岸集团传统的三层幕墙建筑，最终将其打造成为面积 10000 平方英尺的 Soho House 高级私人会所。

从一开始我们就希望和 Soho House 高级私人会所建立持久的关系，我们认为它们有可能在我们的工作实践中发挥重大的作用。最早的 Soho House 于 1995 年在伦敦成立，当时是一个创意产业从业人士的私人俱乐部，自那时起，Soho House 高级私人会所开始遍布欧洲和北美各地，每一家俱乐部均已成为其所在城市的重要社交场所。在本书付印之际，我们正在商讨将 Soho House 高级私人会所扩展至邓肯 19 号，因为现在会所在香格里拉酒店的经营非常成功。

通过把 Soho House 高级私人会所和香格里拉酒店大堂结合，再加上桃福餐厅的加入，我们终于实现了最初的愿望，让这片场地成为多伦多的城市客厅。随着这三处地点越来越受到人们的欢迎，我们也在不断把它们的功能推向更深层次，我们完全有信心把这片街区打造成多伦多的文化中心。

西雅图晨曦，2021 年
美国，西雅图
郑景明建筑师设计事务所

　　西雅图晨曦项目的设计灵感来源于其所在的社区。贝尔镇是一个历史悠久的地区，兼具众多功能。几个标志性建筑虽然外观不同，但是都有相似的特征：那就是材料的完整性和结构表现的纯粹性。西雅图晨曦是对贝尔镇传统建筑的重新解读。用强烈的几何形式作为其功能的背景，所有的体量都用同样的几何逻辑和材料色调联系在一起。大楼屋顶和办公区裙楼所用的材料与形式都非常有趣，与建筑强烈的几何感形成了对比。这个建筑代表了西岸的重要时刻。随着业务不断发展，我们也在寻求各种方法来促进当地创意经济和数字产业的发展。我们是温哥华最大的科技型地产商之一，我们的目标是在北美最大的科技中心之一的西雅图大展拳脚。西雅图晨曦是我们最新的项目，它将是我们参与这个行业的开始，其所在城市也是我们未来重点开发之地。

西雅图晨曦的公共艺术

起初西岸集团和郑景明来找我时，我对项目的范围和规模还不是很了解。我通常的作品都是小型的，需要观众近距离观看才能完全欣赏。然而，在简单介绍后，我发现这个项目有一些令人兴奋和颇具挑战的地方。起初项目团队想用玻璃链条这样的材料在建筑的裙楼上添加一层织物般的玻璃层。伊恩把建筑形容为一位女士，而这个玻璃层就好比她的鞋。但他们并不只是要我们打造一个玻璃链层，西岸和郑景明也明确表示希望我可以把我对这些想法的理解渗于其中。我的作品几乎都是简单而单一的，旨在通过专注于光线创造平静感。因此我提议使用小型玻璃透镜，呈线性重复排列在建筑物表面。透镜的位置和间距会有所不同，这种体现运动和流动感的图案就好比挂在女人身上的一块丝绸。我设想的这件作品应该是宁静的，并为建筑增添一层质感与光线。

艺术家约翰·霍根（John Hogan）

生于 1963 年
加拿大温尼伯

母校
卡尔顿大学，麦吉尔大学建
筑学学士，建筑学历史与理
论硕士

公司
恩里克斯建筑事务所

西岸集团代表作

橡树岭中心，2025 年　　　研科花园，2015 年
斯图尔特 1200 号，2021 年　格兰威尔 70 街，2014 年
天瑜，2020 年　　　　　　劳伦公寓，2014 年
美因 5 号，2020 年　　　　温西第六街，2013 年
马维殊村，2020 年　　　　科尔多瓦街 60 号，2013 年
戴维街，2019 年　　　　　第八大道 700 号，2012 年
彭德雷尔，2018 年　　　　霍德商城，2009 年
肯幸顿花园，2018 年　　　泊寓，2002 年

Gregory Henriquez
格雷戈里 · 恩里克斯

我原本打算在本书描述我与伊恩先生长达 20 多年的友情，以及我从他身上所学到的一切。然而经过讨论，他的团队更希望我能描述我们在共同设计和最终打造出各种建筑的过程中所面临的严峻挑战，亦即本书的主题，以及我们所有设计作品的本质特征——"美无止境"。在古希腊，建筑必须在外观美丽的同时符合人类的社会道德规范。效仿古希腊，我们在不懈追求建筑之美的同时，也一直在追求利用建筑的道德层面去表达我们对社会的关爱。这一倾向体现在很多方面：租赁与经济适用房、城市公共设施、能源公用事业、经济适用所有权举措以及公共艺术装置。我们每一天都在面对艰巨的挑战：我们摒弃传统、探索未知、为美而战，所有这一切都要求我们去不断挑战极限，颠覆那些根深蒂固的旧有传统规则。

那么，这一切在实践中到底意味着什么呢？

霍德商城的重建：加拿大有史以来最复杂的综合体项目。

科尔多瓦街 60 号：住房在负担力成为温哥华危机之前，我们就勇敢对此进行探索。

劳伦公寓：它是新租赁住房短期奖励措施（STIR）租赁用房项目之一，它的建设推动了温哥华西部项目的规划，使得城市中心区域的人口密度得以迅速增加。

研科花园：这个项目的规模覆盖了两个城市街区，它使不列颠哥伦比亚省最大的公司将总部设在我们的城市，并创建了世界上最具可持续性的写字楼群之一。

马维殊村：这是多伦多历史上，由个人开发商引领的最大规模的社区咨询，该项目提供了接近 1000 个租赁单元、一个公共市场，马维殊村的设计灵感来源于东京微型塔楼的先进设计理念。

橡树岭中心再开发：它将会成为温哥华市中心外，另一个市中心和城市文化区。

我们和西岸集团在每一个合作周期所进行的项目，都多达 10 ~ 12 个，目前的建筑面积加起来已经有 500 多万平方英尺。其中，除了有两个项目分别位于多伦多和西雅图之外，其他的都位于温哥华。在温哥华，我们有一个难得的开明政府，它的目标是将温哥华发展为全球最绿色环保的城市、解决流浪问题以及经济适用房危机。所有这些任务都需要我们的协助，需要有公民代表参与进行创新和协作，以把这些举措落到实处，这一切亦使大量的科技、政治和实践问题浮上水面，亟待解决。实际上，并不是每个人都有随时应对这些问题的准备。从一个项目的立项到再次规划，到获得发展许可、建设许可，再到真正的破土动工，前后大概需要 8 年多的时间。这是对信念和耐心的艰难考验，需要一颗比跑马拉松还要强大的坚韧内心。在这种情况下，西岸集团总是鼓励我们作出更多努力，为了创造出美好与社会责任感兼备的设计而突破常规。这个任务本身就充满了张力和各种冲突，然而一切纠结痛苦最终都会有所回报。西岸集团选择投资的这座城市很幸运能够有西岸给它们带来挑战，从许多无法预知的现存问题和挑战中不断地自省，让城市变得更好、更美丽。

泊寓，2002 年
加拿大，温哥华

　　泊寓这个项目是根据其特殊地形，以及临近游艇停靠区而展开设计的，最终敲定的建筑设计思路就是设计出与远洋邮轮相仿的外形。航海的主题贯穿整个项目。这一次我们对使用装饰用混凝土产生了浓厚的兴趣，而这个项目让我们有机会体验这种建造方式。

　　这是西岸集团和恩里克斯合伙人建筑事务所合作的第一个项目。理查德·恩里克斯先生就这片地块签订了合同，并提出了非常聪明的解决方案，他把这块地的整体规模控制在大约 55×264 英尺之间。我初见这个项目就知道我们一定会亲手建造它。它虽然规模不大，但却打造得异常成功。更重要的是，这个项目开启了我们和恩里克斯合伙人建筑事务所的友好合作关系。

第八大道 700 号，2012 年
加拿大，温哥华

　　该地块最初是附近酒店和赌场的停车场，项目团队对这个地块进行了全新的审视，考虑其最适用的建筑类型，这其中牵涉到很长的规划审批，还有具有争论性地挪用到了我们在霍德商城重建中所谈成的历史保留密度，当时很长一段时间，我们就如何对霍德商城所在的人口高密度旧城区进行重新规划上，一直存在争议。这个项目的成功最终证明，如果不是下定破釜沉舟的决心去做一件正确的事、如果没有温哥华市政府强有力的领导，那么一个项目注定会失败。

　　随着这个项目的进一步深入推进，就会发现它和第六街项目很像，都是需要动迁后才能实施的项目，这种发展模式无疑会成为温哥华最盛行的开发模式，因为那些唾手可得的开发大型地块的机会已经被抢占殆尽。

温西第六街，2013 年
加拿大，温哥华

　　随着温哥华和多伦多逐渐饱和，空余的、成片的地块都被开发殆尽，小型的、不太显眼的城市填充性项目对于我们的工作来说就显得格外重要，就像第六街这个项目。（这片土地的密集度在这方面和温哥华一号公馆相似）虽然这个项目很小，但依然是我最喜欢的设计方案和建筑项目之一。这块地最初是由另一位开发商与已故亚瑟·埃里克森合作开发的，当时设想的是在此建一栋四层高的建筑。我们和格雷戈里·恩里克斯合作的时候，对于这块地有着完全不同的思路，但是我们取长补短，设计了一座我相信能流芳百世的建筑。这个项目也标志着我们和日本庭院设计师 Tomotsu Tongu 合作的开始，他的作品总是能给我们的项目带来更深层的艺术感，我们在萧氏大厦里的茶屋便是如此。在温西第六街竣工的若干年后，它已经成为城市出口门户的固有景观。人们从格兰威尔大桥离开温哥华的时候，这栋建筑便成为他们旅程中值得记忆的节点。

格兰威尔 70 街，2014 年
加拿大，温哥华

　　这个项目的诞生是在经历了很长时间的规划审批过程之后的结果，也是因为和加拿大零售商西夫韦（Safeway）有将近三十年的紧密关系。十几年来温哥华这片区域并没有什么实质上的改建，我们需要花很多精力与当地民众进行交涉，最终在温哥华市政府的支持下才使这个项目得以建成。和当时反对声音不同的是，这个项目实际上并没有破坏周边地区，反而为马波尔社区（Marpole）带来了必要的革新。我们还和国家博物馆合作开展了一次内容充实的公共艺术项目，再次将艺术融入建筑。可能关于这个项目我唯一的遗憾就是，由于过于疲惫，我在限高要求和急需的租赁住宅的数量上妥协了。

研科花园，2015 年
加拿大，温哥华

　　研科董事长兼总裁达伦·恩特威斯尔（Darren Entwistle）对这片重要的街区的展望是：它与格鲁吉亚街、理查德街、西摩街、罗伯森街是一个整体而不是一系列的开发地。他们选择了西岸集团作为合作伙伴，最终将原来的展望变成现实。我们在这一项目的很多方面都有共识，而如今时机已经成熟了。这是加拿大为数不多的能够运用新科技来达到能源环境设计 LEED 白金认证的项目，或许更重要的是，这里的办公楼比常规写字楼耗水少 40%，耗电少 90%，相当于每年减少二氧化碳排放量超过 100 万千克。

　　这个项目另一处吸引人的地方是，它还配备了温哥华的第一块城市剧院的巨型屏幕。巨幕可以播放时事新闻，项目还融入了照明设计与科技，通过这些，我们成功地使建筑成为流行文化的一部分，而这对于房地产业来说是一个挑战，因为地产本身是永久性的，固定的。

　　我们相信这绝对会是温哥华近现代历史上最重要的事件之一，格雷戈里·恩里克斯和他的团队也会以此为荣。恩里克斯合伙人建筑事务所在竣工后不久就把办公室搬进了大楼，他们搬入了一

个极具创新的地下空间，这必定需要有超高的创造性和想象力才能将这一切实现。

　　研科花园还有一件我很喜欢的公共艺术品，就是由特纳奖的获得者，苏格兰艺术家马丁·博伊斯创作的《越过海洋，飞向天空》（*Beyond the Sea, Against the Sun*）。这件作品除了带来令人窒息的美丽瞬间，还挑战着我们的知觉感受，让我们知道绝妙地利用小巷空间，能够在意想不到的地方给人带来惊人的美。所以，请拭目以待吧……

研科花园，2016 年
加拿大，温哥华

肯幸顿花园，2018 年
加拿大，温哥华

　　我们通常不会收购市面上待售的土地，但是这些年来当我开车从金斯威大道（Kingsway）到斯温格体育场时不得不忍受那些消声器商店、快餐商店和一些温哥华的大开发商所经营的项目之时，我多多少少感觉自己有义务把这些资产买进来，以便向周边民众和其他规划者展示这片地区完全可以进行另一种全新形式的开发。我们的建筑环境没有必要接受这么低的标准，我们值得拥有更好的未来。改变这一切的核心就是格雷戈里的设计纲要。然而现在市场上成本飞涨，要想在充分保证房屋品质的前提下以合适的价格出售房子是非常不容易的。但是我每天还是会被那些积极的反馈激励着前进。著名超市品牌T&T 意欲在此开设另一家分店，这标志着我们长期和富有成效的合作关系的开始。

　　时间将会证明，我是到底为这片街区树立了新的标准，还是只是一个另类。我的希望是为我们的城市最重要的交通要道增添一份美丽的风景。其中最为夺人眼球的是此项目的公共艺术装置《步行 108 步》。它是由卡恩·李所精心设计的艺术品，一层层的台阶向上延伸至半空之中，就像在激励人们不断进取，去追求那些似乎遥不可及的美好事物。

天瑜，2020 年
加拿大，温哥华
恩里克斯合伙人建筑事务所

　　我认为我们为这片区域作的最大贡献，就是开启了与社区居民的对话，讨论关于增加紧邻轻轨车站地区的建筑密度的重要性——通过与邻里之家和社区领导者合作建立共识，在几年之中促进了更广范围内有意义的社区对话。当地居民对于改变的接受程度发生了变化，于是市政规划部门接手了我们的工作，继续完善这全新的综合站点辖区规划，我认为这是温哥华近代历史上相当成功的地区规划。毫无疑问，如果没有我们的带头，这些都不会发生。就像我们在多伦多马维殊村和橡树岭所作的努力一样，我相信未来几年的工作将会在社区规划项目中发挥更大、更积极的作用，而不是被孤立在项目之外。该项目的成功让我们直接买下了街对面的地块，现在是基督教青年会的总部办公室。有趣的是，帕金斯－威尔公司的彼得·巴斯比团队正在设计的这个项目将与格雷戈里在街对面设计的天瑜相互呼应。

橡树岭中心，2025 年
加拿大，温哥华
恩里克斯合伙人建筑事务所

　　橡树岭中心从 20 世纪 50 年代开始就是温哥华最主要的购物中心之一，位于其所在社区的核心地带。竣工于 2010 年的加拿大快轻轨线为橡树岭提供了直达市区和机场的快速公交连接。如今，我们对橡树岭中心这个在商业上取得了巨大成功、面积多达 11 公顷的项目进行再开发，充分代表着城市建造者对未来的美好愿景。橡树岭将会是温哥华半岛以外唯一的市政中心，未来 10 年间，我们的项目与整个地区的综合计划将一起改变这个社区。我们和奎德一起买下了这个地块，橡树岭的整个团队现在正专注于 2014 年政府所做的规划方案，精心设计一个物有所值的项目，不辜负这片土地得以发展的又一次良机。这无疑是我们迄今为止参与度最高的项目，也可能是全北美最复杂的项目，团队成员来自世界各地，面临将重新审视和定义我们在未来如何购物和如何生活。我们的目标是：挑战既有的常规，迎接科技和交通工具的变革，同时在项目中加入一些能够为人们带来欢乐，为生活增添价值的元素。橡树岭有足够的潜力，可以让我们去充分发挥我们 30 年来一直追求的趣味和热忱。我们的项目打造成功之日，橡树岭这个名字必将青史流芳。

生于 1974 年
丹麦哥本哈根

母校
加泰罗尼亚理工大学
丹麦皇家美术学院

公司
BIG 建筑事务所

西岸集团代表作

多伦多一号公馆，2022 年
温哥华一号公馆，2019 年
研科云庭，2019 年
蛇形画廊，2016 年

Bjarke Ingels
比雅克 · 英格尔斯

　　2010 年，我在温哥华规划总监办公室第一次与比雅克·英格尔斯相识。他给我展示了这个年轻的公司的成长历程，从这些早期的设计中明显可以看到的设计充满了创造力和勃勃雄心，足以成就一番非凡的事业，也可以看出我们的价值观十分契合。

　　自我们七年前的会晤至今，BIG 建筑事务所已经成长为世界上最具影响力和创新性的建筑设计团队，比雅克·英格尔斯本人也成为建筑行业的思想领袖。我们有幸与 BIG 建筑事务所友好合作，并见证了它的成长之旅，这一切是如此的鼓舞人心。

　　起初，比雅克的一些同事们曾对他的雄心壮志心存疑虑。在他的书中，把建筑理念描述为实用主义与理想主义的有机结合。在这样的理念驱使下，他把目标定位为打造出更多的、更加可行和更加优秀的建筑项目。这在很多方面都违背了发展的惯例：BIG 建筑事务所的建筑哲学在北美的大环境中是非常激进的，因为在北美，一个建筑是否成功往往由这个项目带来多少盈利去衡量，不管这个项目同时伴随了多少设计上、城市环境上和人文环境上的代价。比雅克的建筑哲学则与本书有异曲同工之妙，那就是：建筑的美丽与实用性是密不可分

的。故此而失彼，是大错特错。当人们还在困惑于这二者的分歧之时，BIG 建筑事务所已经找到了一种全新的方式，将建筑的美丽与实用性合二为一。

　　我有幸在比雅克职业生涯的早期就与他结识并合作，我欣慰的是西岸集团在 BIG 建筑事务所的发展进程中也发挥了一定的作用，反之亦然。随着我们合作的两个项目温哥华一号公馆和研科云庭的竣工，我们进一步深入开展了蛇形画廊和另外三个项目的合作，并期待第四个项目合作的实施。我们与 BIG 建筑事务所的合作使得我们得以尝试城市建筑的非凡设计。

　　正如比雅克所言："当一名心怀愿景的建筑师和一名深具使命感的赞助商相遇，对建筑固有范式具有历史意义的颠覆性设计就横空出世了。"

　　我们很感激比雅克和他公司的所有团队成员，他们的奇思妙想激励着我们继续坚持我们一直以来从事的事业。正是通过与这些梦想家、创意设计人员和发明家的合作，我们才得以打造出值得全力为之奋斗的项目。

伊恩·格莱斯宾

研科云庭，2019 年
加拿大，卡尔加里

　　这个项目是由我们的长期合作安奈
德基金以及研科共同开发的，项目位于
卡尔加里市中心，设计师是丹麦建筑师
比雅克·英格尔斯和他在 BIG 建筑事
务所才华横溢的团队，整体概念虽然很
简单，但是实施起来很难。实质上，我
们就是想在遍布牛仔先生的城市中，打
造一位牛仔女郎。换句话说，我们感觉
卡尔加里的大部分建筑设计都透露出开
发商和建筑师的阳刚之气，所以我们想
在这个项目中体现不同的感情色彩。研
科云庭顶点纤细苗条，波浪起伏的女性
线条和传统的办公室地板以及带阳台的
小型住宅地板相融合。除了优美的雕塑
形式外，我认为将作家和艺术家道格拉
斯·科普兰的公共艺术融入 700 英尺高
的建筑外表，将会产生迷人的美感。

多伦多一号公馆，2022 年
加拿大，多伦多
BIG 建筑设计事务所

　　当安奈德的合伙人麦克·埃默里找到我们，看了他在多伦多国王街建的将近 600 英尺的临街建筑时，我们立刻想到要在这个地方打造一个特别的建筑。说到设计师，我第一个就想到了比雅克·英格尔斯和他的团队，因为我一直在寻找在多伦多和他合作的机会。安奈德对此也很赞同。自我们第一次合作开始，他们就是我们最坚实的支持者，我非常享受我们的合作。

　　我一直都对 67 号栖息地住宅楼很是着迷，甚至在还没亲眼见到这片土地之前就为之倾心。我想我的这种迷恋源自于基布兹集体农场，以及把共享经济作为应对不断增长的城市化进程的挑战理念。我们想要通过建筑来构建新型的社区。我们觉得一号公馆就可体现出建筑应该如何来应对这些挑战，虽然有距离的限制，但它的完工将印证建筑还是可以把人们聚集在一起。在某些方面，这个项目和"蝴蝶""百老汇商业区"背后的哲学理念相似，这些项目都是我们和谭秉荣建筑师事务所合作开发的。我认为在很多方面，这个项目有可能比 67 号栖息地住宅楼更成功，毕竟栖息地住宅楼是位于河心岛的一栋实验建筑，但在这里，我们有机会把一个本就充满活力的成功社区打造得更为成功。该项目另一个有趣的方面是巴黎玻璃屋给予的灵感，在这份灵感的启发下我们采用了玻璃砖的外立面，结合了反射、半透明、全透明的效果，最终打造出一座随着自然光线的改变而熠熠发光的闪亮建筑。

　　我们也很高兴有机会与新的景观设计师，著名品牌公共事务（Public Work）[①] 合作，作到了真正的直面挑战，将自然景观巧妙引入高密度的环境中。随着项目的推进，我越发觉得这个项目的景观设计非常吸引世人注目。最终，多伦多一号公馆成为人们口口相传的项目。我们在多伦多由 BIG 建筑事务所设计的蛇形展馆中举办了我们的下一个展览。我们借开发此次项目的良机，就城市化进程与公众展开对话和讨论。多伦多，这座拥有城中心核心区的城市，必将成为当今世界最生机勃勃的城市。

---

① Public Work，景观设计事务所。

生于 1938 年
加拿大北温哥华

母校
不列颠哥伦比亚大学
退休建筑师

公司
梅里克建筑事务所

西岸集团代表作

马蹄湾·水天云舍，2021 年

Paul Merrick
保罗 · 梅里克

这次为丹·斯威尔的马蹄湾设想的项目聚集了各种力量的咨询团队——这也即将是伊恩·格莱斯宾（Ian Gillespie）和他的西岸集团所要涉及的新项目。团队中超过半数的人都是各个领域的设计咨询师，另一半人马就是伊恩和他的团队。

他简单地为大家介绍了新主题，我认为是言简意赅的声明，我尽力回忆他的原话："你们大概都已经对西岸集团过去一直在从事的业务很熟悉了：大型项目，大部分充满都市气息，精细复杂并且引领时尚。但是在这里，我们不去做这些。我们现在在做这件事……"他指着我和丹·斯威尔一起设想的水彩概念——根据场地文脉寻求可能性："对于这个场所而言，可能意味着挑战，但并非完全如此，换一种更常用的说法，就是寻求'低成本，高效益'"。

但是伊恩坚持这样做，"就这么定了"。而在接下来几个月中，就我个人来说，这是我经历过的最富意义、细致周密和令人满意的设计发展过程。在这里我用了"发展"这个词，这是因为实际上伊恩已经确定了设计概念——在每个阶段，每次调查时，如果遇到来自他人观点的挑战，他也会意志坚定地指明一条直接且清晰的道路。

这就是"美"，她看似难以捉摸且得到的认可很少。

这让我想起了多年前我们在沙特阿拉伯吉达的一次经历。在那里我们为阿卜杜拉国王科技大学做设计。校长奥马尔·祖贝尔（Omar Zubeir）先生是一个小个子年轻人，他思虑周全，行为优雅。他非常认真地听完了我们的汇报，思考了一会说："这是个很美的设计。"

天啊！我感到非常讶异。当时我从来没有听任何人在这种情况下用过这个词，之后几年也没有人这样明确地提出过"美"这个概念。

直到伊恩·格莱斯宾和我们分享他的诗，他的感慨，或者说他的渴望。能够遇见他真的是我的一生之幸。

马蹄湾·水天云舍，2021 年
加拿大，西温哥华

　　位于马蹄湾的休厄尔码头是马蹄湾的公共设施，鉴于它的历史以及重要的地理位置，在设计上需要其具备既服务于周边社区又不破坏周边环境的功效。建筑师保罗·梅里克设想了一个包含 158 套住宅单元和一个小型商业的社区。设计非常巧妙地环绕海岸码头区而展开，没有对周边环境造成任何阻碍。它拥有一系列两层联排别墅和一个强化的公共区域，设计的重点是将居住区、人行道与周边公园自然连通。设计简报提到了我们都珍视的一些沿海村庄，例如阿玛尔菲（Amalfi）的那些沿海村庄。在那里，梅里克找到了打造西海岸本土化建筑的灵感，这一设计灵感最终成为西海岸马蹄湾·水天云舍的主题，一个正在建设的现代建筑项目。他为这个项目所做的设计完美结合了西海岸设计以及他对建筑与周围环境互动的独到见解。

游艇会所是大胆的流线式拱形设计，顶部有一个开放的桁架。天窗的设计确保船屋将是马蹄湾海滨地区最引人注目的建筑瑰宝。船屋内部有一个多功能的大厅，可以令人尽情纵览马蹄湾全景。船屋坐落于一个浮动码头，这里将会是克里斯·科赛尔 25 号游艇永久的家。船屋柱梁木结构的外观设计带有保罗·梅里克标志性的加拿大西海岸现代建筑艺术的鲜明风格。

生于 1952 年
英国南安普顿

母校
不列颠哥伦比亚大学建筑学学士

公司
帕金斯 + 威尔公司

西岸集团代表作

弗莱博物馆，2021 年
5055 乔伊斯街，2021 年

Peter Busby
彼得 · 巴斯比

伊恩和我一直在寻找一个可以合作多年的项目，最终我们等到了位于西雅图的弗莱博物馆项目，我们等待的一切都有了意义。

和伊恩合作有别于其他人。他对于设计的热诚体现在办公室的每个角落，感染着所有工作人员以及与他合作的团队。他们的办公室里塞满了你所能想到的各种尺寸的模型，包括整栋建筑局部细节模型以及空间模型。最近，我们在门口看见了他的几个时装系列的漂亮的作品，其中一些很有名气，有些非常古怪。他的很多艺术收藏，有名或无名，遍布在墙壁、桌子和工作台上。总之对于伊恩办公室的印象就是一个彻彻底底的设计工作室——一个创造奇迹与欢乐的地方。这真的是一个充满力量的组合！

参观完伊恩的办公室之后，一切都会很明了——与他这次新的合作将是一种完全不同的体验：不用担心没完没了地憋在暮气沉沉的会议室里，忍受令人生畏的紧张情绪，也不用担心有人锱铢必较地对你的大胆冒险予以否决。因为伊恩喜欢新想法，喜欢创新。他会让你尽情地畅所欲言，直到他坏笑着安静下来，然后你就知道他喜欢你这个想法！他就是用这种方式实现创新和冒险的。

他会让你先提出一个概念，之后再根据经验对其进行修改与调整，致力于追求更好的设计。在我个人的事业生涯中，伊恩是我见过的最富有冒险精神的开发商和投资人，但又不盲目。他经手的所有项目都同样注重经济指标，不管设计是多么"狂野"。他的成功就在于将疯狂的想法与合乎情理的经济限制完美地结合起来。如果有更多的开发商也可以这么做就好了。

"艺术"是西岸集团永恒的激情。看看他们所做的所有项目，你会发现艺术对于他们来说是一个最基本的元素，不仅为周围社区作出贡献，同时也成了城市的永恒的标志。建筑，从很多方面就是公共艺术。它被建造于公共的环境中，并且可以被无数的人看到。建筑不能藏匿于舞厅、画廊或音乐厅里；它实际上是其他艺术的容器。我们建筑师的一切工作都处于公众的视野之中。伊恩深切地明白这一点，他知道要想成功，从现在开始至少四十年内他的项目都需要与城市话题密切相关，带来经典的美和永恒。西岸集团一直以品质、美为建造理念，并展开关于公共空间艺术品的对话。建筑是一门艺术，而伊恩永远都会不惜一切代价去实现这些理念。

弗莱博物馆，2021 年
美国，西雅图

　　虽然不确定因素很高，但我还是确信我们在这里偶然发现了一些特别之处。弗莱博物馆是 1952 年在查尔斯（Charles）和埃玛·弗莱（Emma Frye）的慷慨捐助下建立的，虽然它是一个小型博物馆，但是其章程承诺游客可以免费入场，它所带来的历史影响长久而深远。让我们感到兴奋的是，这个项目让我们有机会传承它的历史文化，同时让博物馆保持本真。弗莱博物馆临近第一山社区的圣詹姆斯大教堂，那是西雅图的一片非常漂亮的地段。我们的想法是将博物馆扩建成一个博物馆园区，让博物馆的美学理念深入到新建的住宅项目中，令其充分展现在建筑外表上，同时为周边的公共空间增添勃勃生机。

　　十年来我一直都在期待能够和彼得·巴斯比合作的良机，所以当这个项目开始初见雏形之时，我深知良机已到。他的弗莱设计方案让"创造性张力"这一建筑理念真正得以实践。他设计的方案是，两座相斜撑的塔楼由一座优雅、细窄的桥连接，桥距地面 300 多英尺。街对面将建起一座宏伟的大堂，用以展示弗莱博物馆的艺术作品，同时两栋塔楼还能通过其所使用的建筑材料反映出博物馆现有的结构。受到弗莱博物馆沙龙中一些画作的启发，我们将在建筑外立面上通过滚动屏幕来创造一些图像，使居民可以与之进行互动。我觉得我们之间的这种合作非常棒，我坚信未来我们还会与彼得和帕金斯－威尔的团队进行更多的合作。

生于 1959 年
加拿大多伦多

母校
多伦多大学建筑学学士，荣誉学位

公司
哈里里·庞特里尼建筑师事务所

西岸集团代表作

邓肯 19 号，2021 年

David Pontarini
大卫 · 庞特里尼

与伊恩的合作，总是能让我们有机会探索设计，突破传统的边界。一有机会他就会激励我们走得更远、做得更多——这就是他与众不同之处。最让人感到兴奋的是，他对于设计质量的热情是如此具有感染力，以至于整个房地产行业都在悄然发生转变：参观过他的作品并对其作品深深敬佩不已的开发商们往往会更注重设计不甘平庸；甚至政府城市规划部门也开始转变观念，用一种全新的眼光看待城市发展与建筑。2008 年，当市场发展变缓、所有的人都疑惑不前之时，伊恩却迎难而上，带来了目前已经成为多伦多市中心标志性建筑之一的多伦多香格里拉酒店。他热衷于不断改进设计，追求每一个细节的品质，直接参与建筑内部装修。对于美、独特设计、质量以及创新的不懈追求是伊恩的工作动力，即使现在如此成功，他也仍在不断追求更高的卓越。伊恩已经为开发商以及建筑师们提高了门槛，而他最近完成的项目，包括温哥华一号公馆和阿铂尼·隈研吾项目，也再次刷新了行业的设计标准。

邓肯 19 号，2021 年
加拿大，多伦多

　　继多伦多香格里拉酒店成功之后，我们有幸能够在同一街区仅仅相邻几百尺的另一块场地进行再次开发，让我们有机会改善当地的建筑环境。

　　邓肯 19 号是西岸集团和安奈德房地产的联手项目。这个项目由哈里里·庞特里尼建筑师事务所设计，建筑保留了现有历史建筑的裙楼，并整合了 57 层的住宅楼和半个街区之外成功的多伦多 Soho House 俱乐部的扩展空间。裙楼的办公室已经全部预租给汤森路透公司，他们将全球创新中心设在这里，是对多伦多乃至加拿大市场作出的肯定。我们很高兴能与他们合作，可以共同打造加拿大最令人激动的办公空间。

　　在一楼，项目还设有一个独特的会客室，它把项目所有的内容都串在一起，形成一个"碰撞区"，我认为这在加拿大是独一无二的，如果成功的话，我们还会继续类似的建造。邓肯 19 号是我们在多伦多扩展业务的关键要素，我们将把周边区域都当作我们未来会考虑的场地。

1940 ～ 2016 年
香港

母校
不列颠哥伦比亚大学
加州大学伯克利分校

公司
谭秉荣建筑师事务所

西岸集团代表作

蝴蝶，2022 年
阿铂尼 1684，2022 年
百老汇商业街，2022 年

Venelin Kokalov，Bing Thom Architects
维内林 · 考克罗夫，谭秉荣建筑事务所

我记得在五年前，一个星期天的下午，谭秉荣打电话给我，我可以听出他抑制不住的兴奋。当时，他刚刚从和伊恩的"帆船会面"中回来，想立刻和我分享他的喜悦。他兴奋至极，不断地和我说："伊恩和我们是一类人……他明白我的想法。他懂得并赞美建筑的价值，他和我们一样想要使人们过更好的生活，提高人们的生活品质，改善我们的城市。他真的和我们一模一样——他永远都不满足于设计的质量，总是希望它更好。伊恩就是我们一直期盼的那种客户。我们可以一起成就卓越！"你要明白，谭秉荣原来不是这样的。他总是不断地提醒我，我们只能在客户允许的范围内做设计。

我们和伊恩合作的第一个项目是布拉和尼尔森（Burrard and Nelson）。当时他对我们的所有要求就是"务必让我感到震撼"。对我们来说，这真是一个激动人心的挑战。

从设计之初，我们的目标就是创造出一个能够打动人们、唤醒他们的感官、给予他们以丰富体验的建筑。我们想要超越形式和功能的局限。我们想要这个设计回应自然的呼吸和律动，这个想法固执地贯穿在我们设计的始终。对于每一个空间，我们都希望它能够随着时间、季节的变化而变化。为了探寻一种全新的体验，我们努力营造一种会影响情感、触及灵魂的氛围。我们想创造一种全新的高层建筑类型。

在这个项目中，我们遇见过很多的挑战、阻力甚至否定，但是每一次，我们都强迫自己再次从头开始思考，并且往往会拿出更好的设计。毕竟，短暂的努力无法创造出永恒的美。我们为了完美的奋斗使我们陷入了一种无止境的创作怪圈——我们总是用不懈的努力和牺牲来做出更好的设计，而努力又会使我们成长并且使我们可以做出更好的设计，我们又会为了追求更好而再次投入努力之中……就这样不断循环，无法停歇。

和西岸集团的合作是长久以来最令人满意的。我们同样对设计充满激情，可以说是相见恨晚。我们正在一起为了使我们的城市和世界变得更好而创造永恒的美。位于布拉德街和尼尔森街的"蝴蝶"——是我们合作的第一个项目。目前，我们的第二次合作也在进行中。为了创造出美丽的建筑，我们都可以不惜铤而走险甚至奉献一切。我们不畏斗争——因为我们知道这是创作过程中不可避免的一部分。

我非常荣幸能够和谭秉荣共事如此之久，并且能够在设计方面得到他的信任。随着他的突然离去，我失去了一个良师，一个益友。为"蝴蝶"所做的钢琴设计，是第一个没有他的指导或建议，我独立完成的作品。对它我倾注了我的一切热忱和感情，在我的心里，这个设计是献给谭秉荣的。

"在设计一幢建筑的过程中，总会有多重的发现。每次你走进一幢建筑，就如打开一本好书或者聆听一曲美妙的音乐。不管你读过或者听过它们十遍，二十遍还是更多遍，每一次你都会有崭新的发现。建筑亦是如此，你走进它的每一次都是全新的体验，这就是一座好的建筑之意义所在。"

谭秉荣，建筑师

蝴蝶，2022 年
加拿大，温哥华

　　我和这片地块结缘自 15 年前，当时我的合伙人，同时也是郭氏集团加拿大主席，还是第一浸信会忠实信徒的孟霍之，请我和郑景明花点时间就教会如何与市政厅和周边土地所有者谈判给些建议。十几年过去了，在教堂领导层的邀请下我们再次重新开发这片土地，以便让教堂在 1911 年规模的基础上进行扩建。扩建带来的其中一个好处就是，通过周边地区经济适用房的建造，创造出这片地区稳定的现金流，以此来支撑教堂对周边社区的众多服务功能。我深感自己多年后重回旧地，并与教堂合作，通过自己的力量去帮助他们保护教堂的古老遗产，是一个明智的决定。项目几

年后就会竣工，以此来纪念孟霍之和谭秉荣。

　　为了向谭秉荣几年前为达到这一概念所作的努力致敬，我们打算把这个项目命名为"蝴蝶"。实际上，如果从高空俯视建筑，建筑的形式就是蝴蝶。我们基本的概念就是打造空中住宅而不是单纯的公寓，所以我们完善了前门的外部空间和花园，让住户有机会和邻里交流。在反复的游说下，我们终于能够在温哥华开展我们在建筑类型上的创造性尝试。由于建筑有 57 层且位于城中心半岛的制高点，所以竣工后它将成为温哥华最高的建筑之一。这个项目有好多令人兴奋的地方，但于我而言，最让我

激动的是建筑和自然环境的完美融合：蜿蜒的玻璃工艺和包裹建筑的白色混凝土板与蓝色的天空、白色的流云融为一体，阳光穿透其中。这些元素构成了建筑独特的外观，不同于当今世界上任何其他建筑。

　　项目位于城中心半岛的制高点，也在温哥华颇具仪式感的其中一条街道上，这就让我们有机会为城中心核心区作出贡献，这一点谭秉荣和他的团队已经做到了。这个项目肯定是我们最棒的项目之一，而且令我欣慰的是这次开发对于西岸和谭秉荣建筑事务所的众多合作项目关系都起到了有效的、创新性的促进作用。

生于 1954 年　　　西岸集团代表作品
日本横滨

　　　　　　　　阿铂尼·隈研吾，2021 年
母校　　　　　　　赤坂，2021 年
东京大学　　　　　血巷，2020 年
哥伦比亚大学　　　竹谧·隈研吾，2020 年

公司
隈研吾建筑都市设计事务所

Kengo Kuma
隈研吾

美对我们来说，就像空气、阳光和水一样重要。即便如此，美也并非如人所想那样容易获得，尤其是在当今经济增长和扩张型城市发展的热潮中。奇怪的是，大家往往会出于对其他"更重要"的因素的考虑而将美抛之脑后，就好像真的没那么重要。就像伊恩说的，为什么我们忘记了美的力量？如果我们的想法是为了追求经济利益的话，那么的确，我们现在周围的一切就该是这个样子：没有激发灵感的建筑，只有一大堆令人窒息的建筑群——从建筑理念到建筑质量都很少或者根本不顾及人的精神需求。然而这绝对不是我们的共同目标。

美和功能、成本、质量一样至关重要。它本身就是一种功能，它能够集成人的体验和意义以及建筑本身更多的技术要素。它有益于人的身心健康，美对于人来说是必要的。放弃审美意味着妥协，这对任何人都没有好处，而美能够为建筑增添更多的附加值。建筑的质量与体量本是密切相关、齐头并进的。因此，美至关重要，但也不是推进项目的唯一动力。对于建筑师来说，掌握平衡是关键：美使得我们可以摆脱平庸。

我们经常发现，自己有幸和那些和我们一样追求美学理念的人一起工作。这些人都是自律的梦想家，努力一同追寻大胆的想法。他们通常梦想远大并且从不妥协。当我第一次见到伊恩和西岸团队时，我很快就感受到了这种热情。快节奏和接踵而至的项目表明：我们不仅

仅有机会更充分地阐述我们的建筑哲学和个性化追求，而且被迫做出了超越自身想象、前所未有的设计。无论是萧氏大厦塔顶的茶室、阿铂尼富有活力的城市规划、竹谧项目简洁大胆的设计，还是赤坂项目大胆的可操作性设计，没有一个是浅尝辄止，每一个设计都致力于向下挖掘更深、发掘更多的潜力，抵达更深层的本质。实际上，一开始我们并不习惯于这种新方式，但是这的确可以清楚地说明什么才是有意义的生活。超越限制，利用限制，打一场漂亮的仗。

伊恩从来不会让我们有所懈怠——我指的是创造力和想象力。我们之间的对话是那样的具有启发性、挑战性而引人入胜，并且进行过无数次设计的修改，甚至比伊恩和西岸团队所看到的还要远。期间希望与焦虑并存，活力四射且惴惴不安，梦想未来又沉湎既往，我们对方案精益求精，扭结了幻想与现实。因此，我们并不满足做"好"的设计；即使我们可能永远也无法触及"完美"，但是无论怎么说那都是我们永远的缪斯——在与西岸集团的合作中，这种倾向尤为明显。其中机会非常难得。我们决定一同接受挑战，并且相信这会使我们变得更好。

我们希望这一坚定追求能够带来真正的美——不仅体现在表面，而且富有深度。我们必须抵抗来自现实中的诸多压力，使美获得与之抗衡的力量。这件事的难度有多大，意义就有多深远。

竹谧，2021 年
日本，东京

　　竹谧是我们工作实践中一个重要的节点。这是西岸在东京的第一个项目，让我们有机会介绍一直很敬重的民族和他们的文化。现在世界上享有盛誉的建筑师中，有很大一部分是日本建筑师。我们有幸和几位建筑师合作，这激励我们寻求进一步的合作。在这个项目中我们又一次和隈研吾合作，要在东京市中心原宿和新宿之间建造一个住宅项目。我们在东京的第一个项目就这样开始了，在这里开设了新的办公室，为东京的工作打下基础，并使这个城市成为工作重心之一。我们的方法是策划型的，把大量的精力投入小项目的实施上，同时也在这个独特的城市中积累经验。我相信这个文化交融项目能够进一步提高我们的实践知识，在东京的经验和建筑合作伙伴的想法将为我们在北美的工作增添更深层次的艺术和文化内涵。

Artists
艺术家

我们西岸集团的公共艺术项目始于一个理想的目标，即将艺术和建筑结合在一起，构建一场范围更大的对话。如斯坦·道格拉斯（Stan Douglas）在霍德商城的《艾博特＆科尔多瓦》（*Abbott & Cordova*）"作品，会唤起这个地区重要的历史时刻的回忆。温哥华是一个年轻的城市，一个充满想象力和建筑的城市，我们觉得必须要将这个城市的故事保存下来，传颂给我们的后代。与斯坦·道格拉斯这样的人合作是一个奇妙的体验，他全身心投身于项目，并创作出一个随时间变化而不断提升的作品，捕捉了我们城市发展的关键时刻。

早在五六年前，我就有一个想法：在橡树岭中心 41 号和坎比街（Cambie）拐角处，以一种宏伟的姿态，向已被人们遗忘的城市之门的重要性致敬——无论从隐喻还是设计角度都将如此。虽然此事还远未敲定，但橡树岭的公共艺术已经具备变革的潜力，为我们的项目甚至是城市创建交通枢纽和入口。如果这个想法获得了所有利益相关者的支持，那么负责它的艺术家或艺术家们会作出什么样的诠释，将是一件非常有意思的事情。在其他项目上，我们对所呈现的概念感到非常惊喜，就像艺术家莉丝·特里斯（Reece Terris）在劳伦公寓所做的《技术官员的胜利》（*Triumph of the Technocrat*）艺术品一样。我认为这是我们尊重艺术的独立性的结果，也是充分给予艺术家们自由创造作品的必然结果，我希望我们将在未来的每一个项目中感到惊喜。

有时，艺术家的选择是这个过程的开始。我们会和专家组一起从拟定的名单中选出充满乐趣的艺术家。通常，我们不是被迫服务于公共艺术，而是我们选择这么做，我们心中往往会有一个心仪的想要合作的艺术家。随着我们的公共艺术项目反响越来越大，世界级的艺术大师也越来越愿意参与进来。虽然每次过程并不一致，但是它通常始于我、项目建筑师、艺术家与公共艺术顾问（我的朋友瑞德·希尔）

之间的对话。这些最初的对话为艺术家提供了一个良好的开端，几个月后，我们会得到一个或具体或抽象的想法。随之而来的是设计和方案阶段，这是我们整个进程中最兴奋的部分，因为艺术与建筑的深度交汇，其间通常需要解决无数技术和实际问题。有时我们的团队也会帮助完成实际的艺术项目，由艺术家提供概念并监督实施过程，例如利亚姆·吉利克在费尔蒙特环太平洋酒店的艺术作品，《躺在建筑顶部看到的云不比我躺在街上看到的距离更近》；或者最近坐落在研科花园马丁·博伊斯的艺术品《越过海洋，飞向天空》；其他时候，艺术家根据自己的优势和特定的工作类型，也会指导项目的执行工作。

虽然每个项目都有很多不同，但有些事情是一致的。我们很高兴能与遇到的每位艺术家进行愉快合作，所有人都让我们有所启发，他们都拥有绝顶智慧，我期待着与每一位的再次合作。这本身就是一件难得的事情，也可能是我最喜欢公共艺术项目的原因之一。

本书出版之时，我们已经接手了许多公共艺术作品，也许是在同一时间里接手艺术项目最多的时候，包括阿铂尼·隈研吾、蝴蝶、温哥华一号公馆、邓肯 19 号，马维殊村、西格鲁吉亚 400 号、西雅图晨曦、多伦多一号公馆以及即将在橡树岭开展的野心勃勃的项目。我期待下一本书的出版：它会深入研究多年来我们公共项目如何走向成熟。如果您持续关注我们公共艺术项目的发展历程，您可以看到我们的雄心壮志和我们发现的整合艺术和建筑的创造性方法的稳步发展。在一个连引擎盖上都有装饰品的城市景观中，我们的公共艺术项目越来越有抱负，因为我们敢于挑战，并吸引艺术家们为之而奋战。像我们的建筑探索一样，为了使我们工作的城市更丰富、更具挑战性、更美丽，我们将怀着惊喜和高兴的心情继续挑战我们自己和我们的合作者。

欧迈·阿尔贝尔
16.480，2015 年
费尔蒙特环太平洋酒店

马丁·博伊斯
越过海洋，飞向天空，2016 年
研科花园

格温·博伊尔
新旧潮流，1996 年
派乐斯豪庭

凯莉·坎耐尔
大地和海洋，2014 年
格兰威尔 70 街

托马斯·坎耐尔
陆地和海洋，2014 年
格兰威尔 70 街

郑景明
森林立面，2010 年
费尔蒙特环太平洋酒店

戴尔·奇胡利
波斯玻璃系列，1998 年
格鲁吉亚豪庭

没顶公司
平静，2013 年
温哥华美术馆室外公共艺术空间"Offsite"

道格拉斯·柯普兰
北极光，2018 年
研科云庭

斯坦·道格拉斯
艾博特＆科尔多瓦，2009 年
霍德商城

绘译浩太
举手表决，2012 年
温哥华美术馆室外公共艺术空间"Offsite"

利亚姆·吉利克
躺在楼顶上，我却觉得云不像我躺在街道
上看起来那么近，2009 年
费尔蒙特环太平洋酒店

巴巴科·哥尔卡
释怀一刻，2014 年
温哥华美术馆室外公共艺术空间"Offsite"

罗德尼·格雷厄姆
旋转的吊灯，2018 年
温哥华一号公馆

张洹
升腾，2012 年
多伦多香格里拉酒店

瑞纳·塞尼·卡特
编织年代，2015 年
温哥华美术馆室外公共艺术空间"Offsite"

卡恩·李
步行 108 步，2018 年
肯幸顿花园

马克·李维斯
从黄昏到黎明，2013 ~ 2014 年
温哥华美术馆室外公共艺术空间"Offsite"

艾德琳·赖
森林立面，2010 年
费尔蒙特环太平洋酒店

肯·伦
从香格里拉到香格里拉，2010 年
温哥华美术馆室外公共艺术空间"Offsite"

达米安·莫佩佩特
夜晚工作室里的大幅油画和女像柱草图，
2013 ~ 2014 年
温哥华美术馆室外公共艺术空间"Offsite"

希瑟·莫里森
广场，2010 ~ 2011 年
温哥华美术馆室外公共艺术空间"Offsite"

伊万·莫里森
广场，2010 ~ 2011 年
温哥华美术馆室外公共艺术空间"Offsite"

克里斯塔·庞特
编织，2014 年
格兰威尔 70 街

苏珊·庞特
融合，2014 年
格兰威尔 70 街

伊丽莎白·普拉特
第二次约会，2011 ~ 2012 年
温哥华美术馆室外公共艺术空间"Offsite"

玛丽娜·罗伊
你的天国，2016 年
温哥华美术馆室外公共艺术空间"Offsite"

塞缪·瑞博－瑞斯
无标题，2018 年
彭德雷尔街

黛布拉·斯派洛
编织，2014 年
格兰维尔 70 街

罗宾·斯派洛
编织，2014 年
格兰威尔 70 街

道格拉斯·泰勒
福特小树林，2000 年

罗恩·泰拉达
看不见的，2016 年
188 禄

里斯·特里斯
技术官员的胜利，2014 年
劳伦公寓

黛安娜·塔特尔
灯光艺术，2005 年
萧氏大厦

曾建华
抑或，2017 年
温哥华美术馆室外公共艺术空间"Offsite"

约瑟·吴
灯光雕塑，2010 年
费尔蒙特环太平洋酒店

罗伯特·尤兹
为每人都有一个日落，2014 ~ 2015 年
温哥华美术馆室外公共艺术空间"Offsite"

张欧
水平线，2009 ~ 2010 年
温哥华美术馆室外公共艺术空间"Offsite"

伊丽莎白·兹沃纳尔
经历，2015 ~ 2016 年
温哥华美术馆室外公共艺术空间"Offsite"

欧迈·阿尔贝尔　　　　　马丁·博伊斯　　　　　格温·博伊尔　　　　　郑景明
罗德尼·格雷厄姆　　　　张洹　　　　　　　　　卡恩·李　　　　　　　苏珊·庞特

戴尔·奇胡利　　　　道格拉斯·柯普兰　　　　斯坦·道格拉斯　　　　利亚姆·吉利克

塞缪·瑞博-瑞斯　　　　罗恩·泰拉达　　　　里斯·特里斯　　　　黛安娜·塔特尔

Suzana Honjo

Rachel Lee

Gesamtkunstwerk / Total Design + Tsumiksane / Layering

整体设计 + 层次化

温哥华一号公馆
阿铂尼 · 隈研吾

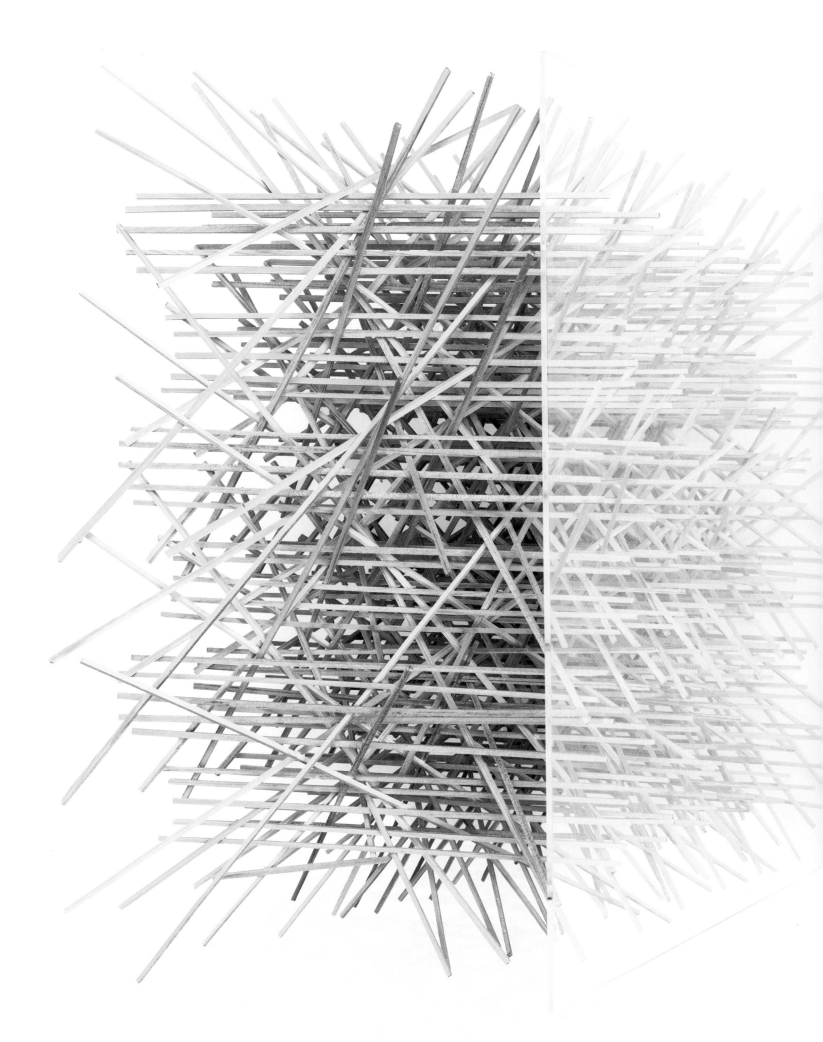

Alberni at Design Panel
阿铂尼项目的设计小组

城市设计小组的审核，是任何重要的市区项目审批过程中的一个重要节点。在温哥华市议会的指定下，这个小组由一群建筑师、工程师和景观设计师组成，并且与市民一起审查项目的设计，主要审查它对城市的融入程度、纯公益性和建筑外观是否足够优美。一旦发现问题，设计小组有权要求建筑师和开发人员修改方案。因此，业内人士通常都会认真对待设计小组的审核，西岸集团长期以来一直是这一进程的支持者。我们把小组审核视为与公众对话沟通，从而促成更好设计方案的机会。在某些情况下，我们也通过设计小组来权衡那些也许会受到规划部门质疑的问题，并希望小组专家们的意见能够获得规划部门的认可。

当我们将隈研吾设计的阿铂尼方案提交给设计小组时，我们公司与建筑师和公司的顾问们已经花了几个月的时间去准备相关的图纸、视频和阶段性计划，以应对小组的任何反馈。那天，汇报的任务就落在了来自隈研吾建筑都市设计事务所的东京办事处的迈克尔·西肯斯身上。他是项目的建筑师，而隈研吾建筑都市设计事务所是日本最受尊敬的建筑事务所之一。

西肯斯的汇报堪称是一场精彩的演出，他以准确的，几乎可以说是诗意的语言对设计的各个方面作了详细的介绍。他描述了阿铂尼建筑工地的特征与乔治亚街之外的格局——20世纪七八十年代西区住宅楼的过渡点，以及最近在高豪港沿着布勒内湾展开的住宅工程。他同时指出，这个项目所在之地是附近斯坦利公园的门户所在，建筑特色将与洛斯特湖畔的喷泉设计相一致。西肯斯说，隈研吾先生认为这个场地具有一定的双重性，从任何住宅高层的较高楼层上眺望，不仅可以看到市中心半岛南侧的英吉利湾，还可以看到北方的高豪港——这意味着，在有些住户从自家只能看到一处海景时，有些住户则可以尽

享双重美丽海景。从这个前提出发，高层住宅与和它更近的邻居塑造了建筑独特的形式。他解释说，阿铂尼项目的高层住宅，其两侧建筑体块的消减是为了"睦邻友好，或令邻里之间可以彼此更加友好和慷慨"，西岸集团没有选择更传统的块状建筑形态，而是倾力打造出令原本就矗立在那里，有可能会被阿铂尼大厦遮挡的附近旧有建筑，也能享有的宽阔视野。

这是至关重要的一点——它为阿铂尼这个看起来像是为了标新立异而设计的建筑造型作出了一个谦卑而慷慨的解释。基于同样的理由，西肯斯紧接着又解释了为何塔楼下面的大部分地面呈开放式，并植入苔藓和蕨类等极易生长的植物。西肯斯说："这个高密度的社区需要一个静谧的场所；同时，这个空间由弯曲的柱子包围起来，顶部是楼下面的多层木质拱腹——这是一种新形式的半公共空间，这个空间将会使得在临近街道上散步的业主及邻近的居民获得更好的步行体验。"

因此，当我们步入温哥华市政厅最大的会议室，也就是审批的最后一个环节来临之时，我们信心满满，有把握在经过我们的讲解之后，隈研吾的设计一定会顺利通过审核。当天下午还有一些意料之外的收获：一些原本还只是一些粗浅概念的想法被设计师用图纸表达了出来，并且它们看起来的确切实可行。例如，效果图上呈现了一架非传统式的、引人注目的三角钢琴，就是由层层叠叠的木材包覆制作而成；还有一个视频，展示了建筑底部半公共空间的园景的使用效果。我们很快意识到，这架钢琴其实是一个完全可行的定制设计，并将由隈研吾建筑都市设计事务所委托西岸集团长期的合作伙伴——意大利高端钢琴制造商法奇奥里（Fazioli）制作完成。同样，关于大楼底层的主要楼层的使用问题也得到了解决：来自东京的一家米其林星级餐厅——怀石料理（Waketokuyama）即将入驻阿铂尼，隈研吾还将亲自为餐厅设计瓷砖式箱形建筑。这将是怀石料理餐厅在北美的第一家分店。

当迈克尔·西肯斯完成汇报后，小组提出问题，然后进行讨论。会议的最后，隈研吾设计的阿铂尼项目获得了一致通过。

Westbank's Layers
西岸集团的层次理念

如果没有对我们的项目核心、利益还有承担的风险进行深入了解，你就无法理解那天批准的阿铂尼项目的广度和深度。而在想到我们正在进行的项目广度以及新的探索时，你可以很明显地看出我们的雄心不止于此。

我们对于传统的突破在很多方面都是显而易见的。温哥华的开发商们无论是在建筑场地的选择，还是建筑设计方面无疑都是非常保守的。然而，西岸总是接下别人不敢接手的地块和项目，追求用设计以及创新创造价值，这种做法使我们与我们的建筑师合伙人之间建立了不同寻常的紧密联系。这些人中包括郑景明、格雷戈里·恩里克斯、已故的谭秉荣、比雅克·英格尔斯、隈研吾，还有其他许多的富有创意的人，包括视觉与工业设计师、摄影师、模型师，以及作家。

我们买下了中央供暖系统并用新型能源替代了它原有的能源结构。慢慢地，我们开发出了一套专业的低碳区域能源供应系统——通过在可持续发展领域建立我们的专长，我们希望能够为温哥华和其他地方的节能减排事业有所贡献。

虽然我们的名气主要建立在高端项目，比如说由建筑师隈研吾设计的阿铂尼项目之上，但实际上，我们也在温哥华市区东部做了很多经济适用房和租赁房项目。其中最大的是霍德商城，在这里我们尝试将商品房与低价租赁房、艺术工作室、社区办事处和日用品零售混合到一起。在霍德商城项目之前，我们就已经在科尔多瓦街上建造了一些低价租赁房。而最近完工的类似的项目就位于唐人街的基弗街附近。

不仅如此，我们公司不断致力于创造富有创新性的公共艺术和艺术空间——即使已经远远超出了市政要求的数量。公共艺术是我们公司核心价值的根本体现。西岸集团有一个专业的公共艺术团队，帮助制作、安装，甚至设计开发。

虽然我们的成功是显而易见的，但是我们的一切行为并不能简单理解为对利益的追求，或者仅仅是扩大业务范围的手段。总而言之，区域能源、租赁住房以及公共艺术等一切实践，都是西岸集团"创意驱动"实践的核心理念的体现。我们所有的想法都是我们的基本价值观的真实反映。

"Gesamtkunstwerk" or Total Design
"完美艺术"或整体设计

我们有两个有所不同，但是又有所关联的实践哲学，它不仅可以解释我们在做什么，更可以解释我们是怎样做的。它曾经悄悄地淹没在我们工作的浪潮之下。然而在过去的十年中，它再次浮上了表面，现在已经在许多新的创意媒体中体现出来了。

第一个是现代主义核心概念——"整体设计"。这个词原本是德国哲学家在1820年创造的一个术语，"Gesamtkunstwerk"，意思是"完美艺术"。这个词的流行，是由于它后来被理查德·瓦格纳写进书中，用来描述他在写歌剧、抒情诗、舞台和服装设计，甚至还有拜罗伊特的剧院设计的野心，从而展示他的"音乐剧"的特点。后来在1840年，"整体设计"成为包豪斯教学和前沿设计实践的核心概念，从而得到了广泛传播。对于现代运动的成员来说，"整体设计"的概念是他们对于单一、极简、几何驱动的新审美的强大动力。后来，欧洲现代主义的先锋们将"整体设计"从欧洲带去美洲，并通过他们的教学、写作和实践，对整个"战后"现代主义产生了重大影响。

我第一次看到这个词，是在一个介绍西海岸建筑师罗恩·托姆作品展览的墙报上。在多伦多大学梅西学院还有普特格瑞学校的考变住宅（Point Grey's Copp House）项目中，罗恩·托姆设计了几乎所有的家具、标识、景观……总之可以说是整个建筑环境。当时，我隐隐约约地感觉到，这个词所包含的意味或许可以容纳我们对艺术，以及对于复杂而富有创意的城市建设的追求，因此我对于这个源自德文的词汇产生了浓厚的兴趣。在2014年"整体设计"展览目录的宣言中，这个概念被描述为"将每一个项目视作塑造城市的机会，而不仅仅是塑造建筑"。更重要的是，"整体设计"这个词语完美契合了西岸集团的一个存在已久的工作流程。和公众们的理解有所不同的是，从生成一个概念，到最终建筑落成，项目发展的核心就在于思想——而这些想法必须有力而具有内在的适用性，才能取得成功。

在罗恩·托姆作品展览之后不久，我们也策划了一个展览。这个展览展示的是我们最具野心的项目：处于市中心城市建设的历史演变环境下的温哥华一号公馆。这个展览被命名为"整体设计"——这个陌生又难以发音的词作为我们宣传的主题，并在2014年4月份展览开放之前就向公众公布。毕竟，第一次可以有一个名词完美地概括我们所做所想；更重要的是，我们希望，通过推广这个表达，可以提高温哥华市民对于设计的兴趣，提供历史与当代案例的新的设计语言，从而进一步推进关于城市建设的对话。

这是一场前所未有的展览：从施工前开始，它展示了位于温哥华市中心格兰威尔大桥旁边的温哥华一号公馆生长的全过程。温哥华一号公馆所有的设计考虑都得到了充分展示，包括城市和历史文脉、工程、建筑设计、景观设计、室内设计细节以及能源系统。在这个过程中，我们仔细审视项目的每一处细节，将最精彩的部分分享给观众。通过对温哥华一号公馆的设计再探索，我们试图突出价值创造背后隐藏着的设计理念。建筑师比雅克·英格尔斯和他位于纽约的办事处是"综合艺术"的热心支持者。温哥华一号公馆是BIG建筑事务所的第一个高层项目。在这之前，他们已经在创新设计领域建立了声誉：哥本哈根的山住宅项目，上海世博会的丹麦馆和纽约哈德逊河的西57号街公寓（Via West 57）。作为最熟悉温哥华一号公馆设计概念的人，BIG建筑事务所也热心地投身于展览准备中。

温哥华一号公馆面临的两个核心设计难题，在于建筑尺度以及形态。毗邻该项目的格兰威尔立交桥建于1950年，是全市高速公路系统的一部分，但很快，由于公民的抗议，后来建设就停止了。因此，温哥华是这块大陆上，没有在其市区内设置多车道公路的主要城市之一。北部的立体交叉道路从来没能融入城市环境中，因为它把基地划分成了尴尬的形状：温哥华一号公馆的基地是三角形的，再加上立交桥红线退让的规定，最终剩余的可建设面积只有6000平方英尺。一开始，我们一直在与郑景明一起探讨这块基地的可能性，但后来，我们被建筑界新星比雅克·英格尔斯的介绍所打动，并最终决定让他来看一看这个方案。仅仅在一个月之后，BIG建筑事务所就寄来了他们的设计方案：用幻灯片的方式，他们展示了一个从三角形的基地中生长起来、并随着楼层的增高发展成了一个完整的矩形的方案——在我们看来，这个设计不仅实用，并且非常美观，同时完美解决了设计中的两大核心问题。因此我们立刻通过了英格尔斯的方案。即使经历了漫长的批准和设计开发过程，温哥华一号公馆仍然保持了最初的概念。并将于2019年向世界开放。它给城市增添了独特的建筑之美。

随着项目的细化，我们也终于渐渐明白了这幢58层空间设计的独特性。随着平面和层高的不断变化，这座建筑从一个尴尬而死气沉沉的基地里有机地生长起来。这个连续的生长过程同时也反映在建筑表皮模块的变化上：这些模块都是围合着墙壁的阳台，有的外部覆铜都是明确分离开的，但又有机地组织为一个整体。英格尔斯称它们为"像素"，正是通过像素与像素之间不断地微小错动，最终使整座建筑形态发生了扭动。通过创新，我们生动地展示出，即使是缜密而枯燥的设计思路，也可以创造出丰富的纹理以及感性的形态。通过建筑元素的连接，形成视觉连续性也可以是整体设计的工作目标。

整体设计的思路体现在温哥华一号公馆的所有建筑细节中，包括阳台。在与温哥华市协商之后，温哥华一号公馆的设计为每一个单位提供了一个更大的阳台——前提是为建筑物的西、南两侧提供遮阳。我们对可持续发展的追求也推动了进一步的创新：我们设计了一个装有高固体和玻璃比率建筑外壳，并在实心部分和三层玻璃窗上具有高热阻值的系统。BIG 建筑事务所在阳台的内墙面覆铜，使得温暖的灯光反射进入房间，补足了整个建筑的色调。住房单元的厨房内，后挡板上也使用了相同的铜材料。这将是温哥华少数真正践行西海岸标志性的室内外户外生活的高层住宅。

如果说把整体设计思路应用于建筑中，往往会发展成建筑的所有元素都呼应设计概念。对于温哥华现代主义者罗恩·托姆来说，这意味着门把手和壁炉罩也同样符合整体设计的精神。在温哥华一号公馆的设计中，BIG 建筑事务所设计了一个优雅的、呼应整体建筑形态的厨房岛台；同样在其他方面，他们设计的住宅单元的门及其手柄、管道和灯具，均坚持同一形式，从而在微观层面加强了设计的整体性。正如我们之前的所有项目一样，这个设计从各个方面体现了我们整体设计的思路。

然而，在运用"整体设计"的建筑哲学的同时，我们也在尽量避免走入极端，这将使建筑设计过于一致从而导致单调。很明显，我们需要另一个互补的主题，从而使设计更加丰富而具有人情味。

"Tsumikasane" or Layering
"向上堆积"或层次化

随着我们与郑景明合作的一系列住宅项目的展开，包括派乐斯豪庭、格鲁吉亚豪庭和温哥华香格里拉酒店，用几年的时间促成了塔式和平台类型学的发展，目前它已经成为具有温哥华特征的"温哥华主义"。然而，到了 21 世纪初，民众对温哥华粗糙的建筑物反应越来越大。一些城市规划师在市区许多地方大量采用这种建筑类型，但这种房屋类型普遍缺乏独特的纹理、颜色和形式。城市模板的实施扼杀了建筑创意，但温哥华一号公馆的成功证明，城市需要建筑创新。后来，我们买下了在阿尔伯尼街的一块地产，这块地位于市中心的门户地区，

因此很明显，这里需要一个富有新意而鼓舞人心的设计。

选择隈研吾作为我们 1550 阿铂尼项目的设计师纯属偶然。当时，我们把瓦胡岛西部的度假胜地科奥利纳的门户设计，委托给了隈研吾建筑都市设计事务所。郑景明和 SWA 景观设计事务所一起做了整体规划，将隈研吾、伊东丰雄（Toyo Ito）和其他设计师做的设计绝妙地整合到一起。这是一个真正的整体设计。然而最终，当我们意识到我们无法确保总体规划的完整性时，我们立刻决定解除与科奥利纳的合作关系。

不过让人感到庆幸的是，我们与隈研吾建筑都市设计事务所的合作关系却蓬勃发展起来。隈研吾在世界范围内都享有一定的声望。在他看来，建筑的任何形式都为人在其中的行为服务，因此不论是什么建筑，人的居住问题才是建筑的真正主题。并且，由于他认为，日本空间的独特品质是通过材料、尺度以及建筑元素的多样性体现出来的，因此他坚信，现代建筑理应富有层次而又浑然一体。日文中的一个词语"tsumikasane"可以很好地概括这个概念，这个词的本义是"向上堆积"；"层次化"还有一个衍生概念，"去层次"，用拉丁文写作"akasu"，本意是"揭示，解读"。这两个概念是息息相关的：我们编织建筑设计中的"层次"，随后人们通过空间以及视觉的体验"解读"它们，从而使所有人对设计中的力量以及特性有所了解。

隈研吾在解释"层次"这个概念时经常提到食物，并使用他设计的东京怀石餐厅"Waketokuyama"作比喻。他以精心编排的怀石料理的用餐流程展示分层的概念：每一道餐序中菜的风味各不相同，但对于餐序的构思就来自餐点各自独特的风味以及用餐方式之间的平衡，最终它们都被精心编织起来，浑然一体。在隈研吾看来，"层次化"的哲学同样体现在日本其他传统设计艺术的方方面面。西岸集团继续探索整体设计和层次化的原则，在阿铂尼的项目中面向苔藓花园的一楼，隈研吾设计了一个怀石餐厅，餐厅将由隈研吾的厨师朋友，来自东京的野崎（Nozaki）负责掌管。凭借在香格里拉酒店和费尔蒙特环太平

洋酒店的餐厅运营经验，我们相信它将不仅仅为项目提供独特的审美，更是丰富温哥华的感官体验。

阿铂尼设计层次极其丰富。隈研吾的设计中，最大的特色在于他深入的技术研究以及运用木材的新思路，从一开始就可以看出，这种材料将成为这个项目的关键组成部分。如果"整体设计"的目的在于统一所有设计元素，那"层次化"反而更注重凸显材料和构造的差异。这是隈研吾建筑事务所设计的第一个高层住宅设计，隈研吾描述到这个设计最鲜明的特点在于它由各种细木条编织在一起的、层层叠叠的纹理。布置方式看似很随意——然而，它们布局的模式是由其背后每个房间的不同功能，即房间的实用性所决定的，而非仅仅由房间的形式构图所决定的。此外，对于金属面板的应用也创造性地回应了新能源法规对于高层建筑表面玻璃的要求。建筑物底部外露的混凝土支柱显示了项目中建筑材料的丰富性。当"层次化"不是设计的核心概念时，混凝土通常会被覆上其他材料。关于阿铂尼底部的这个空间，隈研吾认为它可以创造一种氛围，是一种介于公共和私密空间之间的、与场地发生互动的过渡空间，而不是一个简单的个体。在阿铂尼·隈研吾项目中，无论是哪个细节，都会呈现出全新、复杂的层次感。

虽然从很多方面来说，温哥华一号公馆都可以被称为一个整体设计研究。从不同的角度看，"层次化"的概念也蕴含在设计的一系列细节里。从其地理位置以及相对落后的邻里环境来看，显然，我们需要在项目周围创造宜居的城市环境。为此，BIG建筑事务所发展出一套完整的办公和零售规划，不仅能够服务于住宅楼所在的街区，还可以延伸出去，影响到交叉立交桥之下的城市空间。最终的方案中含有低层建筑，其中穿插小规模零售商；上面则是办公空间，其中大部分空间围绕着种植树木、铺有木地板的庭院展开。

我们还为这个无名的社区起了一个名字。直到今天，"海滨区"（Beach District）这个称呼仍被广泛使用。我们的团队和建筑师同样关心桥梁底部，并提出用大型灯箱为下面新的零售街提供灯光和动态。

罗德尼·格雷厄姆的公共艺术装置——《旋转的枝形吊灯》将对这个地区产生更大的影响力。这个装置将会被悬挂在桥下，由于它在不断地运动，在每天晚上的某一时刻，这个装置将会最大限度地接近街道和人群。这种复杂的公共艺术作品是昂贵而耗时的，但是罗德尼·格雷厄姆的作品，同时作为公共雕塑和公民集体事业，使街景和社区更具魅力。我们也在为该地区规划创新能源系统，从而使街区具有可持续性。这些城市设计层次都相互交叉影响，使整个设计都更富价值和趣味；最终每个层次都必须与设计中的其他层次相融合，结果将是一个更丰富、更复杂和富有吸引力的街区和城市。

The Beauty of Balance: Total Design and Layering
均衡之美：整体设计以及层次化

在过去60年的发展中，随着雄心和创意的扩大，致力于创新的西岸集团越发背离传统的房地产开发理念。我们逐渐形成的整体设计和层次性协同的主题，促进了这一过程。现在看到两者之间的协同作用，我们力求在我们的工作中应用这两套概念操作。整体设计所建立的主题、美学、指导性设计有助于实现这一目标。一个成功的项目中，重要的一个组成要素是要充分表达设计理念，而不是隐晦不发，这样才能创作出吸引世人关注的作品，并把每一个建筑元素发挥到极致。这意味着，一个建筑项目的实施需要从微观和宏观两个层面去进行操作，并融合这两方面去寻求合适的设计解决方案。仅仅使用微观或者宏观角度去进行设计，都会难免有失偏颇，各执利弊。整体设计有时会为项目带来错误的整合或过度的简化，层次化设计也可能会导致设计上的过度繁复。在另一个意义上说，这两种设计哲学有着其固有的矛盾：整体设计要求建筑的整体必须是具有高度辨识度的，而层次化设计则要求每个建筑元素都确保其独特性。我们力求在两种设计理念之间创造出一种平衡，从而在我们的作品中充分诠释和完美表达出二者的最佳品质。

在从事了 30 年的城市建设之后，西岸集团现在有能力承接更复杂和更具雄心壮志的项目。几乎没有其他开发团队既有技术能力，又有意愿去赢得像温哥华橡树岭中心的重建，西雅图、东京和温哥华的一系列新住宅楼，以及多伦多中心区的改造等类似项目。同样重要的是，我们最近的项目作品均受益于整体设计理念和分层设计理念在构想和演变中的不断付诸实践。我们随后还举办了一系列的展览并出版书面作品来记录、诠释和解析我们的作品。2014 年"整体设计"展览之后，2017 年我们在费尔蒙特环太平洋酒店举行了"未分层的日本"展览，并附有目录和壮观的公演。这次展览向公众展示了隈研吾此前各种规模设计作品的范例，并展示了其对层次化设计理念的应用。之后，我们于 2017 年秋天又分别在酒店与西岸集团的萧氏大厦（西岸集团办公所在地）之间的广场和上海嘉里中心举办了以"美·无止境"为主题的展览，向温哥华公众和世人展示了西岸集团设计作品之广度，用这种方式再次确立了我们事业的方向以及前进的目标。另外，我们

于 2016 年夏天赞助了 BIG 建筑事务所设计的伦敦蛇形画廊，这是一个模块装配式设计，我们现在已经将其构件运往多伦多，用于我们在多伦多一号公馆的下一个展览。最终，蛇形画廊将回到温哥华，永久安置在与萧氏大厦相邻的广场上，为我们的街区增添更多的艺术气息。

本书是 2012 年我们的第一本书《建筑艺术》出版之后的第二本，从彼时起，西岸集团整体设计和层次化设计的理念已经开始凸显，这种设计风格开始全面指引西岸集团的设计作品。追溯西岸集团在建筑事业上的追求和最重要的动机，显而易见的一点首先是：我们始终以"美"作为衡量我们工作的标准，我们的作品是否可以让世界更美丽、更完整、更宜居？"美"，一直是鼓舞我们工作的巨大力量，让我们的建筑设计完全媲美于艺术创作，我们就像艺术家一样，终其一生都在致力于打造出非凡而卓越的作品。有时候，我们也会为一个特定的作品而殚精竭虑，冥思苦想。但正是我们如此执着和沉醉于为世人创造美好的建筑，我们才能应用整体设计和层次化设计这两个有力的工具，去把我们的设计理念不断向前推进。

整体设计

本次的展览和目录记录了我们从事城市建设实践的演变之路。从格鲁吉亚豪庭开始，到温哥华和多伦多的香格里拉酒店、霍德商城的改建、费尔蒙特环太平洋酒店，到我们最近的温哥华市中心项目，这种演变已经走过了二十多年的岁月。所有这些大型的、复杂的、多功能的建筑项目的开发都极其重视与公共艺术的融合，而筑就它们的过程亦使我们不断成长为具备更全面开发能力的房地产集团。我们长期致力于城市的可持续发展以及艺术与创新型建筑的有机融合。现在，对温哥华能源设施的考量敦促我们去把我们打造的项目不仅仅看作是建筑本身，而是诸多重新塑造我们这座城市的良机。

正是在这种背景之下，我发现了"整体设计"这个词以及它背后所蕴含的哲理，我认为它极为贴切地表达了我们所打造的，无论是以前还是未来的所有建筑项目的指导性理念。这种理念的关键就是要把整体艺术能够运用到更多的实践中去——运用整体设计的理念去解决问题，去创造更文明的城市。

这一点非常重要。因为我们的社区和我们国家的未来——实际上是所有国家的未来，都仰赖于城市建设的成功。温哥华作为当今世界建设最成功的都市之一，引领了文明城市的发展进程。城市已然成为信息时代里经济发展的强劲驱动力，随之而来的是权力等级制度的反转。城市之所以不断发展变化，因为城市总是富于创意。西岸集团遵循整体设计的理念去接受委托而打造的每个建筑项目，都记录在我们上一本《建筑艺术》一书之中。整体设计的理念已经成为我们所有作品的核心哲学。

如果说"整体设计"是我们推崇的理念，那么温哥华一号公馆就是我们将这种设计理念付诸实践的产物。温哥华一号公馆有望成为当今最受关注和研究的城市发展项目之一。在温哥华一号公馆长达七年的建设过程中，我们不仅将我们在数十个复杂的建造项目中积累的所有经验运用于它的打造，而且还组建了全世界最好的设计和顾问团队。我们热切地希望这个团队所有人集体智慧的结晶将令温哥华一号公馆的品质产生巨大的飞跃——不仅限于技术和可持续发展的角度——而是对于我们所有曾经打造的项目而言，它的艺术性将是登峰造极的。

温哥华一号公馆建筑模型

温哥华一号公馆，2019 年
加拿大，温哥华
BIG 建筑事务所

如果西岸集团的使命就是同那些和
美格格不入的旧事物不断斗争，那么温
哥华一号公馆可能是我们在这场斗争中
最强力的武器。

温哥华在规划上很成功，但是一直
被指责其天际线缺乏视觉美。从另一
方面来说，如果地点不对或者开发团队
没有足够的经验和才能，对天际线的更
改可能会造成损害。一栋楼在设计时就
应该考虑到每个场地的特征和特有的限
定条件，在这个项目中，比雅克团队想
出的解决办法可以直接应对各种场地条
件。这些限制包括一个桥梁问题，还有
周边建筑带来的阴影和近距离遮挡而导
致的非常小且形状怪异的塔楼。我们的
应对措施就是用独特的建筑类型来创造
更有趣的天际线。这种独特的建筑结构
给整个西岸集团团队带来了挑战，需要
开发新的结构系统和机械系统才能实现
这个项目。实际上，如果过去几年没有
计算机辅助设计软件的帮助，我们是不
可能实现这种结构的，也无法预料施工
过程中出现的种种问题。本书印刷之时，
我们即将完工，尽管在该项目的下半阶
段遇到了种种挫折，但是我们仍然不懈
努力，务必不辜负人们对温哥华一号公
馆的巨大期盼。2015 年，此项目为西
岸集团获得了世界建筑节的未来建筑
奖，我们深感责任之重。看着整个团队
为 2019 年温哥华一号公馆的落成而不
懈努力，迎接挑战，真是非常振奋人心。

温哥华一号公馆灯箱

　　西岸集团的建筑项目常常与世界顶级艺术家合作，让他们把建筑当作巨大的画布去尽情泼墨，这种颇具冒险精神并富于挑战性的风格为西岸集团赢得了声誉。而没有其他项目比温哥华一号公馆的艺术更能诠释这一点，项目中一项公共艺术装置将是格兰威尔街大桥底部一系列大型的灯箱，为人们展示各种风格的艺术作品，并以充足的照明去呈现充满活力的街区景观。

温哥华一号公馆并非只是一幢楼，这组建筑群是西岸集团所开发的最野心勃勃的项目。我们的指导原则是：创作出一个室内雕塑，为人们的日常居住带来全方位的艺术享受，令居民和游客都能受到艺术的感染和鼓舞。竣工之日，温哥华一号公馆将是独一无二、举世无双的，它将是一座栩栩如生的雕塑作品，亦为人们呈现这座城市里一种全新的建筑类型。

FRESH ST. MARKET

BIG 建筑事务所的设计团队采纳了整体艺术设计的思想，以全新的视角去考量组成一个家的所有细节：套房入口的折叠金属门，宽大厚实的橡木地板，LED 照明的人造石走廊，铺设镜面的顶棚。整体设计需要创意和革新，从 BIG 建筑事务所定制的厨房用具和浴室装置，到他们具有雕塑感的厨房岛的设计，均充分体现了设计师的奇思妙想。

房屋内部陈设的打造多用铜、钢和玻璃，而建筑外部装饰多选用天然材质。为了能够让浴室装置更加符合温哥华一号公馆的设计要求，BIG 建筑事务所与世界顶级制造商科勒公司合作，设计出了全新的 Kallista Line 卫浴设备，该系列将在此项目中首次在全球亮相。建筑的外部轮廓设计简约而有力，最终打造出整个建筑优雅的形象，与原创的艺术品相得益彰。

"向上堆积" / 层次化

　　相互交织的纹理和错落有致的层叠定义了阿铂尼的视觉体验。无论是从城市规模角度还是细节角度，阿铂尼都以优选的材料和精湛的工艺向世人讲述了一系列有关建筑艺术的故事。当一个人身处阿铂尼大楼，一种轻盈通透之感将始终伴随着他的身移影动，愈是漫步其中，愈是体验到这片宏大空间的细节之美。温哥华独有的依山傍水的城市风貌正是阿铂尼建筑设计的灵感源泉。从建筑角度上讲，楼体采用平缓的曲线设计，令其自然地融入周边的建筑群中，从而打造出一种奇特瑰丽的城市景观，阿铂尼因此而成为温哥华市中心入口的地标性建筑。在打造和规划城市的策略方面，隈研吾秉承以减为增的理念，希望他的诸多思路能够为温哥华带来城市设计上的丰富的层次感。

阿铂尼·隈研吾概念草图

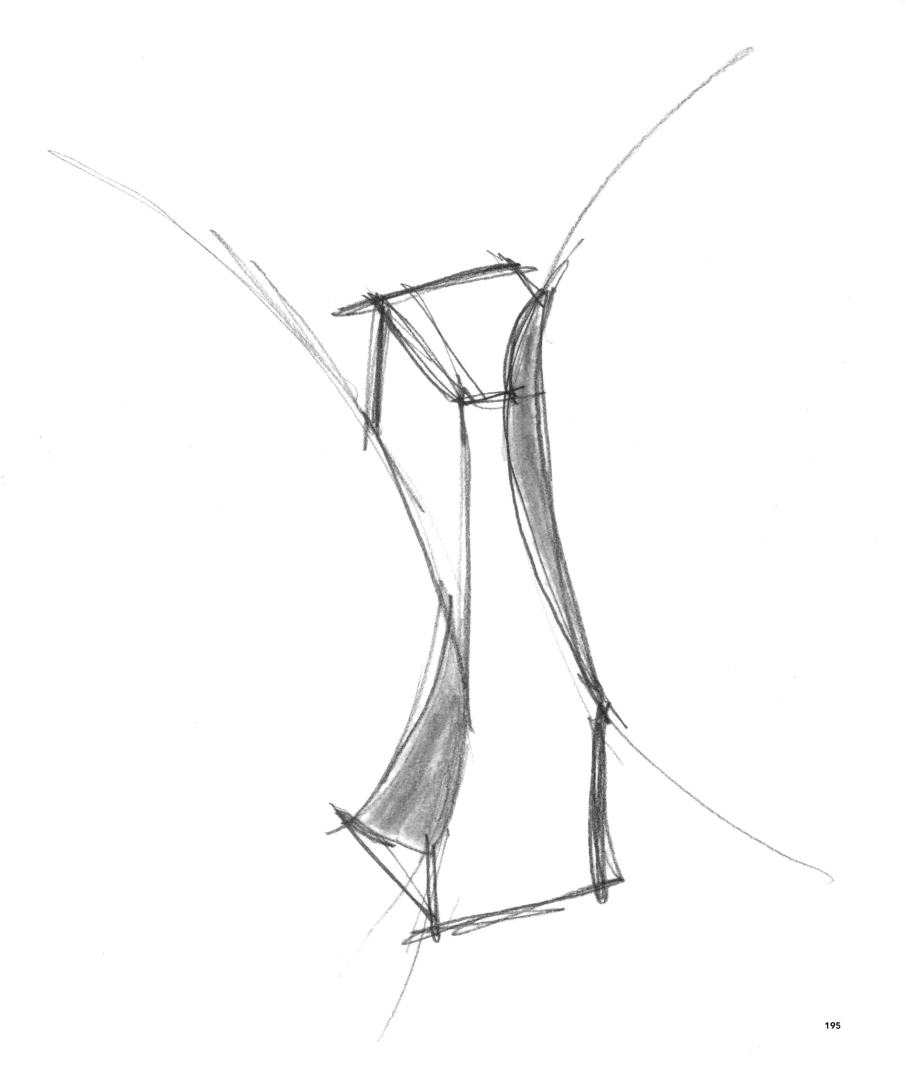

层次化

日本的建筑设计深深地植根于其文化传统。日本人对于空间的概念并非由静态而具体的地理边界来定义，而是由那些发生和流逝在时间里的一桩桩一件件的偶然事件所构成。日本人的空间是有流动性的，因为空间的真正意义是居于其中的人们，而不仅仅是建筑本身。某种意义上讲，建筑构成了日本文化的背景和氛围，但是主观性一亦即身处建筑之内的人类的体验，构成了日本文化最核心的部分。

如果空间是在不断运动着的，那么它就不能被固定和限制。故而，日本人的空间感绝不局限于建筑领域，而是延伸在所有的艺术形式之中，对于日本人来说短暂和永恒是没有分别的，短暂即永恒。日本的美食、音乐和时尚就像建筑一样都是具有空间感的。因此，日本人对建筑的体验是透视性的，是随着时间的推移而展开，并在时间之中逐渐清晰表达的。

本书用诸多重叠的主题有层次地为您揭示了诸多体现日本式空间感的景物。我们追踪了材料、规模和其他多样化的建筑元素是如何体现着日本建筑的独有品质，以及日本传统艺术的不同侧面又是如何激发人们时时变化着的感官体验，正是这二者的综合令日本建筑遗世独立，卓然不凡。

<
参道 / 心灵方法

>
和服 / 12 层的礼服
和叶子 / 蛋黄与蛋壳
阴影 / 对阴影之推崇
间 / 景观之打造

<
借景 / 借用之景
浮世绘 / 多层空间

>
障子 / 隐含之深度
木组 / 装饰结构
雅乐 / 复调结构之音乐
色彩 / 光之肌理

<

茶道 / 无言之美
地景 / 错落有致的景观
神道 / 与生态环境的和谐共存

>

景观 / 与环境的共生共存
石庭 / 动态的稳定性

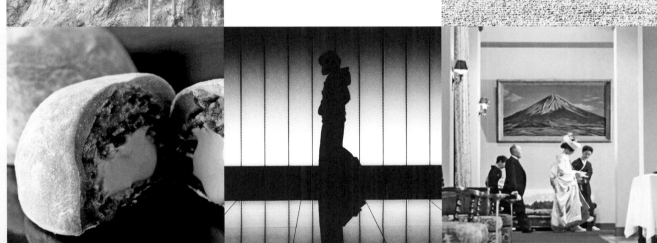

<

和纸 / 手工打造的纤维片材
庭园 / 独具风格的地形
琳派艺术 / 大胆而简约的艺术风格

>

屏风 / 隐约的光亮
和室 / 多功能的房间
坪庭 / 绿色的祭坛

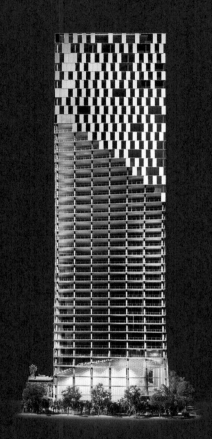

阿铂尼·隈研吾模型

　　雕刻原始塔楼是为了在建筑物之间腾出空间，并在城市内建造一个城市门户。由于雕刻需要响应建筑环境，那么可以说建筑物的设计源于此种背景。动态的悬臂映射了不同的都市时刻，根据观看者的位置而变化，勾勒出意想不到的轮廓，从而形成了其雕塑品质。

阿铂尼·隈研吾，2021 年
加拿大，温哥华
隈研吾建筑都市设计事务所

　　我们和隈研吾的合作源于我们对日本文化和建筑的长期尊重。最初我们向世界上很多知名建筑师都发出了邀请函，请他们参与我们在夏威夷科奥利纳独一无二的度假村开发项目，其中就包括隈研吾。隈研吾的建筑理念是"治愈场地"，他致力于研究自然和物质，寻求两者的融合，通过建筑表现自然。他的工作模式已经让他形成了非物质化的建筑理念，寻求创造透明感、轻盈感以及使用微粒结构，他希望通过最微小的细节创造更大、更复杂的结构。

　　我们亲眼看见了如何以最优雅、简单的方式来设计一个小型项目。隈研吾建筑事务所的设计哲学理念非常清晰，因此我们觉得必须找一个项目让他来设计，才能让他在我们旨在改变的城市中有所作为。当我们来到阿铂尼 1550 号项目地，发现这片场地处于温哥华城中心的入口处，并且位于历史悠久的街道上显眼位置的时候，我和郑景明便立刻邀请隈研吾和他的团队加入我们。隈研吾于 2015 年 2 月来到温哥华查看阿铂尼的场地，他看到场地后所设想的建筑是我们非常期待见到的，在将来会被称赞为历史上最具艺术性、最令人深思的建筑。这个项目设计方案和城市自然环境、建筑环境紧密结合，建筑进行了策略性地消减，目的是为了保证与周边自然环境可以相辅相成。这个项目对于温哥华来说是独一无二的，因为它有引人注目的外观，而这是通过设计者无数次的优化才得以实现的，透露出来的是他们娴熟的经验。我很想带领参观者游览这栋建筑中的每一处，一起去体验和感受建筑中的各种细节。

日本细木工，Kigumi，以其纯粹的多样性和精美的细节而闻名于世。世人审美意识的持续提高敦促日本人把空间结构和表现力不断推进到新层面，这使得日本人在对空间细节进行持续的实验和改良之后，打造出独具一格的多样性。在日本这样一个重视精妙细微远远胜于简洁明快的社会里，细木工已经成为一门真正的艺术。传统建筑结构中精心制作的木质支架淡化了它们支撑悬臂的结构作用。细木工错综复杂的工艺是由一层层复杂互锁的木质卯接而组成的。它们综合在一起打造出一种令人惊叹的装饰品质。

和室是一种日本传统房间，字面意思是"日式房间"，里面有榻榻米（稻草）垫和障子（木格子）屏风。和室在空间打造上的独特之处在于它不具备明显的功能性和方向性，因其缺乏固定的墙面和家具。和室因此成为一个可以满足多功能用途的房间。在更大的建筑中，和室的设计与花园紧密相关，和室与花园彼此衬托，相映成趣，更加凸显其素雅的室内设计。和室的灵活性、开放性和其内在的时效性使得它成为了日本建筑的固有元素，同时也是阿铂尼·隈研吾项目所设计的套房的整体性特征。

借景是一种把远景和近景有机地统合在一起的景观设计手法，令所借之景与身边之景相辅相成。在建筑的水平和垂直线条的烘托下，远处的景色就像被"借到眼前"，从而令大自然的感染力愈加强大。

通过淡化风景的界限，亦即借景，人们在不见全景的前提下依然可以产生对辽阔空间的想象。阿铂尼·隈研吾的顶层公寓就遵循了这一技巧，让户外空间的设计起到了突出周边环境之美丽的作用。

在我第一次去东京与隈研吾及其团队会晤之时，他邀请我、迈克尔·西肯斯和郑景明去分德山餐厅用晚餐。这家餐厅是隈研吾亲自设计的。当晚，他应我的要求尽可能详细地向我介绍了他在东京的设计作品。

分德山餐厅是一家米其林两星级的餐厅，主厨野崎专攻怀石料理，怀石料理是一种由多道菜式组成的日本传统美食，就像欧洲的高级法式大餐一样丰盛。分德山餐厅被公认为是日本最好的怀石料理餐厅，野崎厨师为我们选用了店里

的经典菜式，每道菜都置于由他亲自挑选的盘子里，用以突出色香俱全。

我从未见过如此美丽的菜式展示。那个晚上我心中豁然开朗，洞见怀石料理和隈研吾在阿铂尼设计的建筑的异曲同工之妙。这份顿悟和分德山餐厅的简洁美丽令我终生难忘，那一刻我就明白了一件事：把餐厅业主木村政昭（Masaaki Tokimura）和主厨野崎带到温哥华，将是阿铂尼·隈研吾项目中必不可少的新层面。

Michelle Kuo   Carla Olle   Miryam Fontil   Nathaniel Funk

Stanley Chan   Shawn Punton   Peter Campion

Kieran McConnell

Eimon Yin

Steve Fujiwara   Wendy Jiang   Siukee Wong

Russ Hallam

Thora Watson

Public Art
公共艺术

新旧潮流，派乐斯豪庭

波斯玻璃系列，格鲁吉亚豪庭

灯光艺术，萧氏大厦

艾博特 & 科尔多瓦，霍德商城

躺在楼顶上，我却觉得云不像我躺在街道上看起来那么近，费尔蒙特环太平洋酒店

森林立面，费尔蒙特环太平洋酒店

16.480，费尔蒙特环太平洋酒店

升腾，多伦多香格里拉酒店

融合，格兰威尔 70 街

技术官员的胜利，劳伦公寓

大地和海洋，格兰威尔 70 街

编织，格兰威尔 70 街

越过海洋，飞向天空，研科花园

看不见的，188 禄

步行 108 步，肯幸顿花园

北极光，研科云庭

旋转的吊灯，温哥华一号公馆

温哥华美术馆室外公共艺术空间"Offsite"，温哥华香格里拉酒店

"现在我们终于进展到了最有趣的阶段。"

温哥华市公共艺术项目的新任主管埃里克·弗雷德里克森（Eric Frederickson）表示，虽然他不记得是谁说了这句话，但他清楚地记得，这是很多人都有的感受。当时，弗雷德里克森正在西雅图工作，负责监督该市海滨艺术项目的综合重建工程。弗雷德里克森说："一个会紧接着一个会，在听完一个又一个关于工程灾难以及阿拉斯加高架桥隧道钻孔的冗长报告之后，会议议题转向了公共艺术。"这时，整个会议室立刻活跃了起来。这就像是，"哦！太好了！现在我们终于可以谈谈怎么把光、快乐和色彩引入充满挑战的城市环境里来了"。

"但是，"弗雷德里克森说："我认为艺术不是这样的。"

他说的没错。他的意思并非是说艺术是黑暗或悲哀。恰恰相反，有些艺术恰恰就是生活和希望本身。想想格鲁吉亚豪庭旁，艺术家戴尔·奇胡利用玻璃吹制的那些波斯风格的花朵吧！这些硕大而美丽的饰物，充满了阳光、欢乐与色彩，它们会不知不觉地激发人们的灵感。然而，艺术的广阔和影响远远不止于此。伟大的艺术并不仅仅是让你感觉良好——不仅是用来娱乐、取悦或者令人安心；真正伟大的艺术能够让你体会到人类所有的情感，它会促使你思考，有时甚至还会，也应该能够令你深深被其吸引并全情投入其中。在任何情况下，即使是在你感到心绪不宁，不安不适，仿佛在与生活的苦难尽力一搏的时刻，伟大艺术的巨大力量也会令你感受到生活的充实和丰满。

当然，如果这里的艺术指的是摆在画廊里的艺术品的话，所有的一切都不是问题。所有慕名而来的观赏者都做好了接受这些画作带来的冲击力的心理准备。但若是摆放在公共空间里的艺术品，情况就变得比较复杂了，它将面对被弗雷德里克森称之为"意料之外的观众"的评判。因此公共艺术领域出现了一种趋势：大部分的政客与开发商都会选择稳妥而陈腐平庸的设计，有时甚至不惜为此而放弃对设计美感的追求。但是让我们来回想一下多伦多市的公共艺术政策文件

的开篇："人们普遍认为，公共艺术有能力通过为游客与居民打造引人入胜之景点而促进经济以及旅游业发展。"而《安大略省建筑》杂志（Ontario Home Builder）的一篇报道称："公共艺术可以提升建筑品质，使之对购买者更具吸引力。"

也许是这样的——如果平庸的设计就是你在艺术上所追求的极限，那你最终打造出的可能根本谈不上是艺术，而顶多算得上是某种装饰。或者，用布莱恩·纽森（Bryan Newson）的话来说："它们大多都只是装饰品。"布莱恩·纽森是弗雷德里克森之前的温哥华市公共艺术发展项目的经理，30 年来他一直是推动和支持温哥华的公共艺术发展的推手人物。

公共艺术的历史在很大程度上依赖于人类对自我的崇拜。委托建造这些喷泉或者雕塑的人都是希望自己被历史铭记的人，那些为它们举行落成典礼的人也多是希望借助伟大的纪念雕塑而被人记住。在许多伟大的慈善家（如美第奇家族）和机构（如天主教会）的支持下，伟大的艺术得以诞生，尤其是伟大的建筑。但是当我们铭记并赞叹伯尼尼、米开朗琪罗和罗丹的伟大时，我们很容易忘记那些从建筑物侧面凿出来，在一堆尘土和石块中被卡车运走的作品。如在 20 世纪 30年代初期，墨西哥艺术家迭戈·里维拉（Diego Rivera）绘制了纽约洛克菲勒中心的壁画，里维拉是因其手绘插图作品而获得了这次的绘制机会，但他偏离了手绘的道路，在壁画中增加了共产党领袖弗拉基米尔·列宁的肖像，更糟糕的是，还加入了约翰·洛克菲勒本人的形象。后来约翰·洛克菲勒的儿子说这幅画把他的父亲描绘成一个"有妓女作陪的，喝着马提尼酒的实业家，还有一些有损家族声誉的画面"。但是里维拉拒绝修改他的画作，于是洛克菲勒就将整个壁画损毁成一块块非常小的碎片并移走了。

大约在同一时期，美国政府逐步转变其原有的高高在上的姿态，开始对公共艺术提供资金赞助。这种资助始于经济大萧条时期，当时

有大量联邦资金支持新政项目，这些项目旨在创造就业岗位和刺激美国公民的文化自豪感。直到 20 世纪 60 年代和 70 年代，大量的艺术家们才开始享有更大的创作自由和充足的资金，他们的创作项目也不再局限于为政治呐喊宣传而作画。在这个时期，越来越多的城市和地区（如纽约和魁北克省），都开始在公共项目基金中特留出一定比例的预算，专门用于支持公共艺术，如纽约（以及魁北克省）。再比如，多伦多要求主要项目预算中至少有 1% 专门用于公共艺术。但是在具体过程中，总体支出和预算比例总会有所妥协，相当一部分公共艺术资金被挪作他用。西雅图公共艺术事业的资金分配份额与多伦多相当，主要适用于公共艺术项目。此外，私人开发项目的支出比例通常是酌情而定的，或者不同的项目通过谈判产生不同的分配比例。

温哥华市在这方面的做法非常出色，规定要求通过重新规划批准的每个项目（无论是公共项目还是私人项目）中的公共艺术预算比例是固定的；对于超过 10 万平方英尺的建筑面积来说，每增加一平方英尺的面积，就会增加 1.95 美元的预算。

有趣的是，这个计划的推动力——至少是间接地，来自社区发展本身，或者至少来自温哥华市议会最高层的代表。房地产开发商戈登·坎贝尔（Gordon Campbell）在 20 世纪 80 年代成为温哥华市市长，不久之后又成为不列颠哥伦比亚省省长。在作为地方议员的第一个任期中，戈登·坎贝尔以每平方英尺 1 加币的价格推出了这项政策。纽森记得坎贝尔当时说房地产开发商有义务"回馈社会"。因此，满足条件的温哥华开发商必须聘请一名顾问来制定公共艺术计划，并向城市公共艺术委员会呈交。正如弗雷德里克森描述的那样：顾问和委员们一起审核预算、建筑设计以及艺术创作机会，然后向艺术家们邀标、征集方案。专家陪审团与开发商们一起挑选一位艺术家（西岸就是这么做的），之后顾问、开发商和这位艺术家一起工作共同实现这个项目。或者，就像埃里克·弗雷德里克森说的那样："城市和开发商们密切合作——有时进展顺利，有时则不然。"

实际上，如果你是一个没什么追求的开发商的话，那这一过程会简单得多。市政府最近已经颁布了一个新计划，规定如果开发商不想完全履行公共艺术的建设义务，他可以减少 20% 的公共艺术面积；条件是要向城市交一笔现钱，以用于其他艺术项目的建设或维护。有趣的是，即使你有时根据建筑质量就知道一些开发商并非心甘情愿地履行义务，但很少有人愿意交这笔钱——有优惠政策也不舍。

这真的是一件糟糕的事。种种迹象表明，一旦有了合理的预算，城市完全有能力创造出高质量的艺术品。在克拉克路第六大道（Clark Drive and 6th），我们可以看见伫立着的，由艺术家林荫庭（Ken Lum）创作的 *East Van Cross*——这是温哥华最棒的公共艺术杰作之一。这件艺术品是在 2010 年奥运会和残奥会公共艺术计划资助下，由温哥华城市项目推动完成的。林荫庭本人不仅是一位世界闻名的公共艺术家，也是一个地地道道的温哥华人。他成长于 Gore 地区东部的基弗街，就在唐人街的旁边；现在他是宾夕法尼亚大学美术系主任。他的祖父是有名的黑斯廷斯海鲜餐厅 The Only 的厨师；而他的父亲是（Smilin' Buddho）酒店的服务员。林荫庭说，温哥华东部的涂鸦图像时常萦绕在他的脑海中，挥之不去；这些涂鸦经常是由喷漆或者粉笔绘制而成的，而他总想用什么方式让他们永驻下去。因此，当市政府宣布用 80 万加元的奥运会艺术资金，征集一个以"寻访·痕迹"为主题的公共艺术作品时，他无法抑制自己的兴奋提交了方案，因为这个题目与他的想法不谋而合，并且"城市允许存在各种各样的声音"。

"East Van Cross"是极其复杂的。它有 60 英尺高，是林荫庭设想的三倍。它非常美丽，但也极具争议，其中含有对耶稣受难的哀悼，也饱含着世代居住在"美因街错误一端"的人们心中挥之不去的积怨。这是一个富于争议的话题引子，因为它的含义极易被误读。在许多方面，这件作品被视为自豪感的声明（在涂鸦中，十字架通常代表"东温哥华规则")但是林荫庭说:"这不是颂词,而是一首哀叹。"林荫庭及其家人并不是选择过这种艰难而朴素的生活;他们之所以住在温哥华东部,是因为第一批华人移民并没有其他选择。"我并不是试图美化温哥华东部,"林荫庭说,"如果能够让我选择的话,我宁愿在西区长大。"然而,即使在早期时候,这个十字架(the Cross)也发挥了很大的作用,鼓励全社会参与辩论,同时也证明了公共艺术具有的社会功效,正如布莱恩·纽森所说:"公共艺术使城市具备了文化属性——精神、价值观和愿景一起定义了城市的概念。"在所有十字架的支持者或者反对者当中,有一群热爱曲棍球运动的妈妈们,她们所做的一件事情让林荫庭最开心。她们开了一个博客,一般用于组织曲棍球比赛或者训练。但是在 2009 年中的一周,她们却在博客上激烈地争论艺术。而林荫庭认为,这才是艺术的使命,"引发争论"。

我们可以从这一切意识到一点:只有当艺术家们能够推动设计,或者当国家的政策迫使开发商们跳出他们一心求稳的装饰性盒子时,伟大的艺术——包括伟大的公共艺术,才会真正诞生。历史表明,公共基金或政府的政策并不能保证艺术品的质量;而同样有证据显示,世界上一些优秀的艺术家总是有能力吸引同样优秀的顾客。在艺术馆或者街道上,有许多出于慈善而做的瑰丽且能调动人民情感的艺术品。比如说艺术家斯坦·道格拉斯创作的卓越的艺术品:位于霍德商城中庭的《艾博特 & 科尔多瓦,1971 年 8 月 7 日》。实际上,即使没有这个风格震撼,戏剧化重现了煤气镇骚乱(Gastown Riot)的作品,西岸在霍德商城项目上已成功完成了其艺术义务;即便道格拉斯也使我们德项目预算有所超支,不断多么深刻地揭露这个地方的伤痕,我们对它还是无法抗拒。

2009 年,当某个装置落成并交付时,时任温哥华公共艺术项目经理的纽森,当着所有开发商的面说:"伊恩是你们之中的一个特例。他不怕具有挑战性的艺术。"纽森所指的是由艺术家利亚姆·吉利克为

费尔蒙特环太平洋酒店做的设计,在 17 层的建筑表面写着:"躺在建筑顶端……躺在建筑顶端……躺在建筑顶端……我看到的云也没有比我躺在人行道上看得更近。"纽森说,从这里明显可以看出艺术家在努力弱化那些为了顶层豪宅的风光而一掷千万的人们的自我感觉,另一层意思当然是:具有相应品位、审美和资源的人,完全可以选择入住全球最顶级豪宅,他们不会被吓跑,因为它已经构建了街道之间的饶有趣味的对话。"但是,"纽森说,"这样做也有风险,而这不是所有开发商都能承受的。"正如林荫庭所说:"大多数赞助商并非对复杂、紧迫或难以理解的艺术不感兴趣,他们只是不希望因此而发生争议。"

这也就是说,即使是好的城市赞助或管理计划也存在缺陷。专家委员会(适当也会有一些平民百姓在内)通常代表社区居民的观点,而不是推动有艺术家的想法,他们会谨言慎行。林荫庭说,"我参加过太多的委员会了,我看到很多不错的想法被不假思索地否决,我们只是偶尔能在一些相对好的方案上达成共识。"有一些人就质疑,这样的艺术委员只会让那些哗众取宠的作品大行其道。如艺术家吉赛尔·阿曼缇(Gisele Amantea)在美因街和十六大道的作品 Poodle 就被很多人视为笑柄,被认为是无关紧要并且落伍的。不过实际上,在艺术中,每个人都有各自不同的品位。有时候,专家委员会制度也招致了批评。

温哥华计划的另一个缺点是,它剥夺了开发商选择艺术家的自由。道理很简单:一个想要装饰物的开发商会选择一个擅长于装饰设计的设计师,而不是大费周章让专家委员会决定选择哪个艺术家能提高创作质量。同时,这也给像西岸集团这样的开发商带来了不必要的限制。这些开发商愿意为伟大艺术的承担风险,特别是决心提供最高艺术品质和物质品质的作品。

为公平起见,温哥华市暂时搁置了对温哥华一号公馆项目的限制,由此才会有这个融合项目的艺术家罗德尼·格雷厄姆(Rodney Graham)设计的纪念性装置艺术:(Spinning Chandelier);但是政

府提出的条件是，西岸集团未来的项目不能寻求与某位特定的艺术家合作。不过，如果未来能够出现像布莱恩·纽森这样能够帮助温哥华市在公共艺术管理方面建立声望的人的话，西岸可能还有一定的机会，这个城市应该也会愿意在其过程中建立更有弹性的工作制度。

弹性的过程可能也会给我们带来很多重要的机会，我这么说部分是因为政府为了使竞标更加"公平"而推出的那些举措，使得许多一流的艺术家不愿参与其中。林荫庭就是其中一员。他说，因为竞标时间太长了，他不再参加由温哥华市发起的"开放式"竞标——除了 *East Van Crossonly*——因为这是一个他非常喜欢的项目。林荫庭并不是孤例。允许这些已经受到广泛认可的一流艺术家在特别的项目上有更多的决定权和执行力，有助于确保他们继续活跃在公共艺术策划领域，而不仅仅是在收藏馆和各种机构。

伟大的艺术家们选择避开公共艺术领域，还有许多其他因素，其间不仅仅是考虑到作品必须面对的客观考验，诸如雨雪风霜，人们乱打乱抓、乱涂乱画，还有社会各界的抱怨。而艺术最珍贵的地方是它不受建筑场所的限制，无拘无束、突破枷锁的能力。建筑必须考虑一系列令人沮丧的设计要素，但艺术的唯一要求是在作品中实实在在地表达艺术家的灵感。然而，即使是在粉墙深室，环境可控和安全舒适的艺术馆中，这依然是个挑战。而如果艺术家（现实中，更多的是致力于实现艺术家愿景的开发商）必须要确保艺术品有更高的耐受能力，安全并且容易保存的话，那将更具挑战性。然而，对于一部分艺术家来说，妥协于现实等同于致命一击。让我们再来回想一下由艺术家奇胡利（Chihuly）完成的易碎作品波斯玻璃系列吧：这件作品之核心特征就是运用结构主义建筑学的整体设计方案，对其工业玻璃和钢制外壳加以必要保护，这种保护可使作品内部更加坚固。这也是温哥华香格里拉的温哥华美术馆室外公共艺术空间"Offsite"的伟大之一。在为临时展览创造空间时，"Offsite"为具有表现力、创造性和短暂性的作品创造了空间。

除此之外，还有艺术是否会和建筑相融的问题。如果我们把几个艺术家和几个建筑师聚集起来，问他们这个问题的话，一场辩论或许就此诞生。从广义上讲，艺术不是一门设计学科。建筑的目标是设计你所需要的建筑，而艺术恰恰是带给你一种你并不知道你需要的东西。在一些认为能利用艺术资助来以弥补设计缺陷的开发商眼里，艺术和建筑是可以重合的。他们企图把艺术家强行拉进建筑师或者开发商主导的设计里，把艺术作为次要的诠释建筑或者为建筑增色的手段；这是开发商在滥用城市规划师以及景观设计师时通常会犯的错误。艺术家和每一个参与创造良好城市环境的专业人士一样，他们不应该在一切都就绪之后，被要求在已然运行的项目中修修补补。

从另一方面来说，艺术与建筑完美融合的案例的确是存在的。比如说费尔蒙特环太平洋酒店项目中，由建筑师郑景明和艺术家艾德林·赖合力打造的"森林立面"，它有一种有机的重要特质，改变了建筑在人们眼中的呈现形式，也改变了街上行人对它的感觉。至于建筑是否体现了艺术的本质，我们可以说温哥华一号公馆，以及隈研吾在1550阿铂尼项目中的设计已经从建筑本身体现了艺术的本质。这些建筑都与它们所处的街区发生了很好的互动——人们感受到了建筑想要表达的东西。还有建筑师谭秉荣设计的蝴蝶，无论是从侧面观看的风琴管形态，还是从高空中俯视看到的蝴蝶形态，这都是绝对的艺术杰作。

然而，在公众领域的艺术创作是不可替代的。为公众对话注入生气与内涵比什么都重要。比如一个像研科花园这样庞大、极其复杂而又非常成功的建筑实践。这个项目彻底改变了城市核心街区的面貌。它将建筑以及基础设施结合起来，利用现有研科花园的余热使其成为全国最节能的建筑之一。并且，它还重新定位了城市轴线：拥有整个玻璃和木质顶棚，完整且精美的建筑设计，成功地使西格鲁吉亚街成为温哥华市中心的主要景观大道之一。街区内外的设计也都是完整的。

艺术家马丁·博伊斯用一系列灯笼，将光和艺术带入室内空间——这将使这个新的、以步行为主的空间更加美丽、温馨和独一无二。

正如那句话所说的：构思、创造以及保护伟大的公共艺术的斗争是永无止境的。让我们再次回想一下由艺术家林荫庭设计的（*East Van Cross*）。2016 年，温哥华市决定卖掉这个艺术品所在地西侧的地皮。他们竟然没有花费任何力气与自己的规划和公共艺术委员会商讨应该如何开发新地盘，才能保证温哥华最成功的公共艺术作品不会被破坏。当这个不幸的消息传到西岸时，我们急忙联系了林荫庭，并且建议我们一起联系市政府，劝其放弃这个极其危险的破坏性交易。我们甚至提出购买这块地产，虽然没有得到批准，但至少这个举措能够及时引起艺术界和舆论关注。

最后，正如弗雷德里克森提到过的那样，如果你将艺术简单地理解为"有趣的地方"——即使它确实有这样的含义，那么你就贬低了它的作用和潜力。然而，同样地，它也是"斗争的一部分"，一个对于建筑以及城市来说极富价值和必不可少的元素。我们随时准备为城市和建筑而战。

部分来自对瑞德·希尔，伊恩·格莱斯宾，布莱恩·纽森，林荫庭，埃里克·弗雷德里克森的访谈

《艾博特＆科尔多瓦》
霍德商城
2009 年拍摄幕后

公共艺术作品：

作品：新旧潮流
（New Currents and Ancient Streams）
设计师：格温·博伊尔（Gwen Boyle）
地点及时间：派尔斯豪庭，1996 年

　　这件作品展现了时间的不规律性。这是一块 9 吨重的枕状玄武岩，由岩浆凝固而成，经过海水的冲刷形成今天的模样。3000 磅的青铜映照出它的镜像或是其"二重身"。它静静地躺在流水之下，见证着时光流转，沧海桑田。

作品：波斯玻璃系列
（Persian Glass Series）
设计师：戴尔·奇胡利（Dale Chihuly）
地点及时间：格鲁吉亚豪庭，1998 年

　　在这个项目中，西岸集团第一次有幸与国际知名艺术家奇胡利合作。他和他的团队对全世界各地的艺术装置都有丰富的经验；而这个细腻、美丽的作品也同样经受住了时间的考验。现在越来越多的公共艺术都追求更深层的象征意义，而这件作品就像一个有力的宣言：艺术追求美是理所当然的。

作品：灯光艺术（Light Art）
设计师：黛安娜·塔特尔（Diana Thater）
地点及时间：萧氏大厦，2005 年

　　设计这件作品最初的目的是通过充分利用建筑的地段优势和建筑高度以达成最好的灯光效果。塔特尔的灯光艺术是由一道从上到下笔直而色彩不断渐变的光线构成，利用光线反映了建筑与布拉德区域以及温哥华天际线的联系。在建筑低层，这道光线分散布满了建筑立面，布拉德湾，区域从建筑底部产生的雾气使光晕不断变化，呈现为异常绚烂的灯光秀。位于建筑顶部的萧氏大厦标志和建筑底部的光线相互呼应，创造了一种平衡感。

作品：艾博特 & 科尔多瓦 (Abbott & Cordova)
设计师：斯坦·道格拉斯 (Stan Douglas)
地点及时间：霍德商城，2009 年

　　霍德商城重建项目的成功需要聚集多方面的
因素，而斯坦·道格拉斯的艺术作品《艾博特 &
科尔多瓦 1971 年 8 月 7 日》是将这些要素捆绑
在一起的原因。这个作品重现了 1971 年的煤气
镇骚乱。前后有 100 多位演员参与了这个项目，
在里面扮演防暴警察、嬉皮士及骑警；为了历史
场景的真实重现，斯坦还在拍摄地点重新铺设
了沥青，再现了当时的建筑立面以及商店橱窗。
1971 年的骚乱是确定煤气镇目前风貌的关键历
史事件。

作品：躺在楼顶上，我却觉得云不像我躺在街道上
看起来那么近（Lying on Top of a Building...）
设计师：利亚姆·吉利克（Liam Gillick）
地点及时间：费尔蒙特环太平洋酒店，2009 年

　　这幅作品，在艺术家的标志性选择的黑尔维
迪卡字体（Helvetica bold）中，占据了 5 层至
22 层，为酒店和其上 25 层的豪华公寓套房提供
了分界线。两英尺高的字母沿着狭窄的混凝土鳍，
矗立在建筑的外部，刻意强调和突出了建筑最公
共的角落。从街道角度眺望，这些字母反射出周
围的建筑和温哥华天空变幻莫测的色彩。

作品：森林立面（Forest Screen）

设计师：郑景明 & 艾德林·赖

（James K. M. Cheng & Adeline Lai）

地点及时间：费尔蒙特环太平洋酒店，2010 年

　　在费尔蒙特环太平洋酒店的西南立面的钢质外墙上，展示了北温哥华茂盛雨林的影像，增加了设计优雅的气质。这件艺术品使用了 9500 平方英尺的不锈钢材，由费尔蒙特环太平洋酒店的建筑师郑景明采用专利技术设计而成。通过成千上万个纹理丰富的穿孔和凹痕，最终成功地呈现出了树和光影的奇妙感觉。酒店来访者可能会惊叹于这些雄伟的树木，然后走出酒店时，就可体验一种艺术性的氛围转变。该作品的最佳观赏视角位于科尔多瓦街的南边。

作品：16.480

设计师：欧迈·阿尔贝尔 (Omer Arbel)

地点及时间：费尔蒙特环太平洋酒店，2015 年

《16.480》是一件夺人眼球的艺术品。它是一个耀眼的玻璃"树叶"装置——或者说是由一组树枝形态的枝杈支撑起来的一系列小灯。这个抽象的树林在夜里充满活力，其令人窒息的美景吸引酒店旅客的注意与行人的驻足。灯光树林从烧焦的木板构成的景观中拔地而出，投射出一片高达 6 米的璀璨穹顶。周围平台上布置有休息长椅和高高的土丘，既避免了灯光树林收到过往车辆的碰撞和伤害，也为行人提供了休憩和闲谈的空间。

《16.480》的结构是通过在水平面上顺序地浇注三层单独的有色熔融玻璃层制成的。每一层都有不同的不透明度，以反映出前一次浇筑出随意的形状，从而形成独特的层次感，其中两层置入了 LED 灯片以达到照明的效果。《16.480》具有多变的视觉效果，每一个单独的颜色层都可以通过其他颜色层看到。模块化的电枢系统支持了多元化的《16.480》，该系统由一系列分支和关节组件组成，这些组件形成不同的树状结构。每个电枢段都带有低压电，并分成 2-4 个独立的分支，可以垂直或水平地安装在地板，天花板或墙壁表面上。电枢独特的装置，从端庄到不朽，从简单到复杂，都能产生多种可能的组合形式。电枢包括一套可互换的部件，只需单击即可获得定制的组合。

"《16.480》是我们几年前开始的一个项目 ...... 在我们首次亮相的艺术装置《14》之后不久。当时我们没有足够的技术和玻璃来实现它，但现在我们做了 ... 终于看到它完整了，我感到十分激动。"Bocci 的创意总监欧迈·阿尔贝尔如是说，"《16.480》是对热玻璃浇注和分层过程的探索。这件作品对模拟原理和电枢系统的复杂性进行了很好的对话。"

作品：升腾 (Rising)
设计师：张洹 (Zhang Huan)
地点及时间：多伦多香格里拉酒店，2012 年

　　由安大略美术馆担当顾问，我们在全球范围内进行了一番搜索，最后我们一致选择了当代首屈一指的艺术家张洹。委员会惊叹于他无限的想象力，认为张洹为这个项目带来了更多的活力与创意。最初，他描绘了一幅群鸟围绕树根飞舞的场景，随之他将这个想法发展为围绕着香格里拉塔飞翔的群鸟，每只精心制作的鸟都象征着超越天际——这一想法将会充满并激活整个建筑立面。经过 2009 年的实地考察，以及我们在他的上海工作室里的多次讨论之后，张洹进一步扩展了他的概念，在香格里拉主要入口处添加了一些线性元素，从而使见觉和诗意得到进一步的延伸。这个艺术作品已经成为多伦多香格里拉酒店的不可或缺的一部分。

张洹的发言稿

　　下午好！我人类的朋友们！

　　感谢大家来参加我的揭幕仪式，我非
常高兴能够和在这里的所有人见证与分享
这一历史时刻。

　　我叫作"升腾"，这名字是一个中国
人给我起的。事实上，我不相信自己已经
做了很多，更不用说创造任何东西了。我
只觉得我的身体和各项功能是不平衡的，
处于一种疯狂状态，于是我意识到：我天
生是一个野兽！我的梦想就是离开地球飞
向天空，穿过所有的云层，飞往一个全新
的国度，到达传说中美丽和谐的世界。

　　我相信香格里拉就是这个仙境，真诚
创造了这种意境。我相信我将在这里居住
很长一段时间。

　　经历了几年的奋斗，你们成功地造就
了今天的我。人类是这样一种富有创造力
与活力的生物，在座的所有人都无与伦
比。你们在我身上花费了众多资源、材料
和金钱，把我从东半球搬到了西半球，并
且为我建造了一座如此豪华的酒店。我一
直在想：这到底是为什么？这一切都是真
的吗？如果是的话——上帝啊！

　　最后我想说，我爱你们所有人，我的
祖先同样会感谢你们为我做的一切。在此
感谢所有为这件艺术杰作有所贡献的人类
朋友！

　　此致
　　升腾
　　2012 年 5 月 5 日

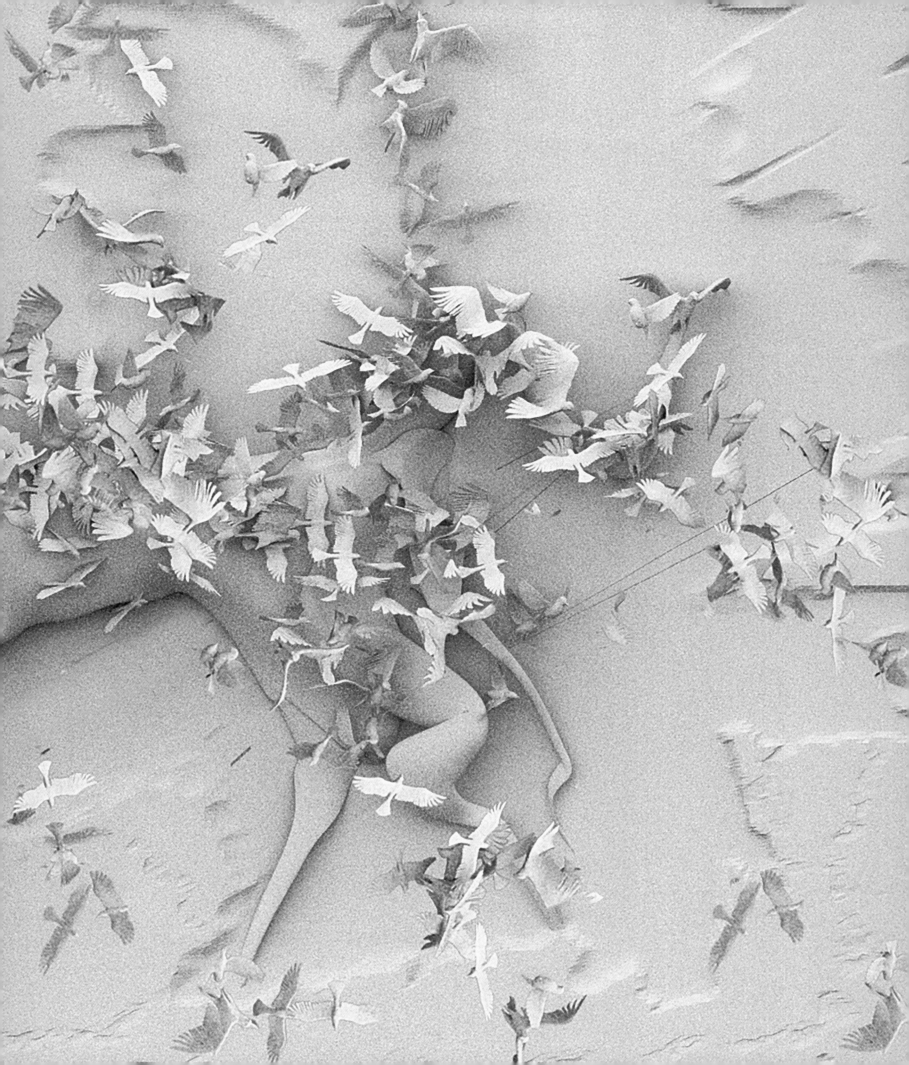

作品：融合（Fusion）左图
设计师：苏珊·庞特（Susan Point）
地点及时间：格兰威尔 70 街，2014 年

《融合》是一件融合媒介、文化以及传说的艺术品，同时还通过隐喻的方式将自然意象与现代方法融合在一起。

这个"原始"的雕塑是当代的，但毫无疑问也是富有撒利希民族特色的。由于这个项目位于传统的马斯魁地区，靠近弗雷泽河畔，这个艺术作品的概念来源于独特的马斯魁文化中的"草人"和"鲑鱼人"。鲑鱼图案中的人类元素具有广泛的吸引力，被看作是所有人类的象征。它们的面孔充满了传统的撒利希特征。总的来说，这个形式象征着生机勃勃和繁荣的文化和历史遗产，以及今天这个独特的社区——它使人们感受到一种场所意识，并成为一个尊重过去、现在以及未来的地标。

作品：技术官员的胜利
（Triumph of the Technocrat）
设计师：里斯·特里斯（Reece Terris）
地点及时间：劳伦公寓，2014 年

这个新的公共艺术作品完全是用曾经伫立这片基地上的圣约翰教堂的木梁回收制成的。从形式上看，这个"占位符"雕塑描绘了未来 3D 模型的发展，并且形象地表现了艺术构思、生产加工与艺术成品之间的关系。作品通过对艺术家和艺术生产者角色的转换，凸显了通常很难理解的开发机制与土地投机买卖对周边社区的影响。这件雕塑实际上也是对自身发展和创造过程的反省与批判，并且对参与开发过程的所有人的角色和共谋之间进行了相似的比较。

作品：大地和海洋（Land & Sea）
设计师：凯莉 & 托马斯·坎耐尔
（Kelly & Thomas Cannell）
地点及时间：格兰威尔 70 街，2014 年

"大地的形象通常是沉稳的，海洋是变幻莫测的，而天空代表自由精神。"

《大地、海洋和天空》是关于我们祖国的当代故事——不是传说，传说一般都被认为是时代久远、代代相传的。而这个故事是当代故事，因为故事的内容会随着时代发展而不断变化。鹰的精神、熊的精神，并不总代表同一个意思；不同的特色、不同的地区都会对它有完全不同的阐释。

凯莉和托马斯共同创造了一个展现大自然融合的现代设计。有时，你会看到水流向小河，看到风吹过树林，或者看到树木本身及其深植地下的根。

每个设计元素中破碎的圆，代表一个古器物的片段，以及这些元素之间的分离。只有当一个人看到整个画面时，圆才完整。这件艺术作品旨在鼓励人们近距离观察世界，以了解世界的微妙和纷繁芜杂。

作品：编织（Weavings）右图
设计师：克里斯塔·庞特，黛布拉·斯派络，罗宾·斯派络
（Krista Point, Debra Sparrow, Robyn Sparrow）
地点及时间：格兰威尔 70 街，2014 年

格兰威尔 70 街位于古老的马斯魁地区。为了保护开发出来的社区遗产，我们努力将其独特的文化融入建筑细节中，尽量保护并突出马斯魁地区的文化特色。

我们与一些最知名的撒利希海岸艺术家合作，举办了一个传统编织艺术的展览。这些编织艺术品是对马斯魁地区和撒利希海岸人们的致敬。

克里斯塔·普庞特　3'×5'

克里斯塔·普庞特　3'×5'

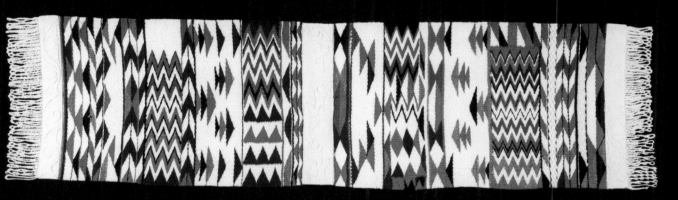

黛布拉·斯派洛　3'×10'

罗宾·斯派洛　3'×5'

罗宾·斯派洛　3'×5'

马丁·博伊斯的第一篇演讲
"越过海洋，飞向天空"

大多数项目和展览的起点，就是寻找一条路：为了找到一些根据，一个可以提供更清晰视角和前进方向的窗口。第一步是探寻关键点，对目前的情况进行全面了解，掌握其优势和缺点。举例来说，研科花园项目就是一个有意思的项目，目前它还只存在于模型和效果图之中。从一方面来说，尽可能早地将艺术融入建筑是有道理的，但危险在于它们可能成为朋友，串通一气。

虽然在一定程度上说，利用图纸和模型我们可以获取大量信息，但是我们依然无法获得全部信息。我们无法得知人与建筑进行互动的范围有多大；我们也无法了解到随着一天中光影的变化，建筑会产生什么不同的氛围——城市的噪声发生缓缓地变化；太阳在玻璃上折射出的光线逐渐消失，建筑内部的暖光在夜色中慢慢浮现，这些足以让一个地方奇迹般地改头换面。

2002 年 11 月，我设计了一个类似于"破碎的城市公园"的艺术装置，并于 2003 年 1 月在博裕地产（Covalent Advisory Group）温哥华的姐妹展览上进一步展示了一个带内饰的"坍塌的花园"。在与道格拉斯·柯普兰谈论附带的目录时，我们谈到的不只是我的展览计划，而更多的是我从展览中得到的启发。我谈到这个作品表现出了惊人的空间以及瞬时感，仿佛作品在那一刹那静止了，又像是一闪而过的画面，或是迎面而来的车灯一瞬间的闪光。这种感觉就像是从一列疾驰的火车上向外看风景，所有的景色都只能得到匆匆一瞥，只是现在这一瞥的瞬间被延长或者被无限循环，因此我们得以仔细品味。这两个展览是我事业的转折点，因为它们用雕塑将景观与它们所展示的地方结合在一起。在 2008 年墨尔本的展览上，我延续了这个想法。在那里，我在一个艺术空间内又设计了一个发生海难的艺术空间；后来在 2009 年的威尼斯双年展中，在"没有回应"（No Reflections）主题的展览上，我设计了一个仿佛被风卷走而后被遗弃的场所。这些艺术品极其古怪，一方面清晰具体，另一方面却抽象模糊。

所有这一切将我引向了研科花园项目。在温哥华的城市环境下，这一发展是这样得顺理成章。这是一个有趣的建筑，建筑本身就具有无穷的乐趣。但是在我仔细考虑设计的时候，我发现很难找到一个切入点。我并不是在寻找它的薄弱点，我只是在寻找某种程度上不那么稳定、符合我工作基调的东西。所以为了寻找这个，我偷偷溜到后面，进入小巷。这个地方立即开辟了许多可能性，它不仅仅是建筑的一部分，而且是它的衍生物。这是最原始的建筑景观。通常这发生在几栋建筑背对背聚集的时候，而我想做的是包容并且激发这里的活力。

《越过海洋，飞向天空》的设计，是在理查德街、罗布森街、格鲁吉亚街三条街道的汇合处，三根绵延不断的绳子吊挂着灯笼。在交汇点上，一条灯绳蔓延到研科办公区的墙面，直到美感被人们捕捉；贯穿于罗布森街上的灯绳也是一样，穿过金斯顿酒店，延伸到一堵墙前也是戛然而止。

灯笼采用几何设计，其组件形状来源于简·马特尔（Jan Martel）和乔尔·马特尔（Joel Martel）于 1925 年设计的抽象树中的"叶子"。它们采用多孔不锈钢制成，并涂有两层环氧涂料系统。每个灯笼的高度约为 1.5 米，上面悬挂的流苏也用不锈钢链条制成。

这种对于灯笼的工业化诠释跳出了传统纸灯轻盈的局限，用法国现代主义马修·麦迪古（Mathieu Mategot）的手法将其从特定的文化符号中剥离出来，取得了不可思议的效果。它们每一个都自成一体，但更重要的是，它们共同点亮、激活了下部的空间。部分断裂的状态暗喻了庆典的余温已逝和类似这种庆典之前的布局安排。这种残缺的状态实际上是和研科花园相互矛盾的。而正是这种紧张感以及作品雕塑般的存在使这个作品葆有生机。我们并没有用建筑或者规划的手法来处理这个问题，而是创造了一种开放感。

这些五彩缤纷，大片的灯笼聚集在一起会使这个场所出现更多激动人心的可能性，吸引更多人的涌入。无论你是匆匆路过，还是坐车飞驰而过，它都会为你呈现绚烂的景色。

马丁·博伊斯

作品：越过海洋，飞向天空
Against the Sun）
设计师：马丁·博伊斯（Ma
地点及时间：研科花园，20

《越过海洋，飞向天空》
新的装置，照亮了研科花园的
者去探索内部空间的活力。中
串悬挂的灯笼，在小径的交叉
光汇聚点。这些装置形成庞
彩的星辰汇集一样，让下面的
同时标识出了场地并活跃了气

马丁·博伊斯的第二篇演讲
差不多一年前某天
汪洋彼岸……
……望我归来……

当我穿过通往那扇门的小径时，这首歌在我脑中响起。去年轻轻缠绕着的葡萄藤现在已经盖住整个高大的门柱。门是锁上的，但是一边已经从铰链中滑开，稍稍向前倾斜，恰恰留出了我们可以通过的空间。

我记得那栋建筑已是废墟。废弃中不乏壮丽，然而终究还是荒废了。从长长的车道上方看去，它甚至还要更美。好像在这一年中，它不知怎的挺起肩膀，再次站了起来。

前方入口处写着"酒店"的字样，略微小了一些，以至于稍远一点便无法看清。然而它却是很漂亮的手写体，那种你只能从 20 世纪 50 年代的威尼斯文具店或者手套店才能看到的草体。

在一次长途远足中，我完全偶然地来到了这里。我没有带相机，虽然我常会给大家提出明智的建议，而这次我自己却在没有检查手机是否充满电的情况下就独自出发了。我怀疑，是否我的手机因为缺乏信号而进入无法搜索的模式，或者因为全力搜索空中的电磁波而导致我没有触碰它就耗尽了电量……不管因为什么原因，当我离开村庄并激动地拿起手机想要拍照时，发现它没电了。

我没有带回家一百来张高清数字 iPhone 图片，只是在前台后面找到了一张老式的黑白明信片，上面展示的似乎是建筑刚刚建成的样子。粉刷的灰泥墙遮蔽了砖砌的肌理，好像它存在的动力就是让自己在某一瞬间显得完整无缺，但同时又不暴露任何它所涵盖的建筑细节。明信片上显示有几排简单的墙洞，现在上面两排的窗户加上了百叶窗，其中大部分紧闭，在中午的阳光下，整座大楼好像在打盹。穿过一层窗户华丽的铁质格栅，越过被经年的阳光与混杂着沙尘的干燥空气蚀刻成明镜的半透明水池，建筑似乎窥视着远方。

在后面的露台上，我们打开一些金属椅子，在热气腾腾的下午坐着。有人拿出了几瓶啤酒，在制冷包里保存三个小时后，它们更加凉爽。冰冻的西瓜片解除了酷热，也让瓶子黏糊糊的，但是，炎炎夏日中冰啤酒和西瓜的搭配，无疑比任何地方的鸡尾酒都要完美。

每隔一段时间我们中间都会有人离开，回到建筑中去体验同一个房间在光线流转中的变化。每一次行走都会发现新的细节和瞬间。美丽的老式电木开关，就像一首写给电灯泡的小诗；门把手，精致花纹的墙纸——最后发现压根儿就不是墙纸，而是一幅画着缠绕的藤蔓和鸟的手绘图。

太阳慢慢下山，一切都沐浴在橙色的夕阳中。露台的远处是一串不知去年什么时候挂上的彩色灯笼。它们串在四个木柱子之间，最后一组灯笼因为绳子松弛而差不多掉到了地上。我不知道它们将来是否会因某个特殊的场合而被高高挂起，还是在寂静无声中掉落。

现在，落日熔金，暮霭四合，一刹那间，灯笼好像被点亮了，柔和温暖。我走近一些，发现它们是多孔金属制成的，看上去倒更为轻盈。彩色涂料已经褪色并有些染色。又一次，灯笼熠熠发光，就像永远不曾黯淡的灯光。如同玻璃瓶里的萤火虫一样，它立刻唤起了我美好的童年记忆，即使我从来没有见过萤火虫。我不知道这是不是彩色灯笼内部投影形成的斑驳光影，暗淡而温馨，但是那一刻，我感觉什么东西正在苏醒过来。

此前，我们经历了从"现在"穿越到"那时"的感觉，但这个地方突然一下子鲜活起来。它依然美丽但并未静止不动，就像停泊在现在和未来之间的某一点，不再迷失，也不会随风而去。

原计划是在酒店的空地上露营，但我们决定在附近另找一处。我们并不觉得自己遭到了满怀恶意的驱逐，同样，我们也不觉得我们应该留下来。记得离大门不远处有一处阴影之地，我们就按照原路返回了。

从我们的营地可以看到月光下酒店屋顶和天线缠绕着的高高的烟囱剪影。我们在小山对面坐下来，一阵炎炎烈日下长途跋涉之后的疲惫立刻袭了上来。我想象，这些高高耸立的天线不是在安静地接受，而是在传播各种各样的电视信号。多年来失落的梦想与隐秘的故事，现在正在清冷的夜空中传唱。

在汪洋大海的某处，在万里长空的某处。

马丁·博伊斯

作品：看不见的（The Unseen）
设计师：罗恩·泰拉达（Ron Terada）
地点及时间：188 禄，2016 年

　　作品《看不见的》是位于建筑北立面上的背光字母牌。建筑高 55 英尺，作品占据其第七层至顶楼的位置，是对高密度城市中心典型标志的外观和存在的模仿。然而，它也并不是传统意义上的标牌；既没有标明建筑物的名称，也没有说明它的功能。这是一个图腾；从上到下浏览，这些仿佛镜面一般的不锈钢字母在白天映照着天空以及周边街区的一切；而在晚上，字母会在柔和的背光的衬托下浮现于建筑立面之上。

　　作品由新字母（New Alphabet）字体组合而成，看起来抽象而陌生，乍看之下很难读懂它。新字母字体由维姆·克鲁韦林（Wim Crouwelin）于 1967 年设计而成，用于第一代（即初级）计算机中，如今，新字母看起来没有任何的设计应用价值。今天，字体的设计可能会唤起人们曾经设想的未来，或者现在看起来更像是遥远的过去的未来。从美因街和基弗街地区的情况来看，这件作品是对历史记忆保护的一个小纪念碑，或许也是对那些不为人所知、默默无闻的，为今天的唐人街作出了贡献的劳动者的纪念碑。

作品：步行 108 步（108 Steps）
设计师：卡恩·李（Khan Lee）
地点及时间：肯幸顿花园，2018 年

　　选择《步行 108 步》作为肯幸顿花园的公共艺术品，是因为我们想在沙地上建立地标，为将来的开发项目建造一个更高的标杆，以此激励其他人将金斯威大道转变为它本该有的趣味空间。我坚信，这个搭建在金斯威大道中央的艺术装置，肯定能够传达这一信息。卡恩·李的这件雕塑真是出人意料，一个两英尺长的独立式梯子上升到令人炫目的 126 英尺。108 级电镀钢梯级直冲云霄，让观者想要到达顶部，想象并实现看似无法实现的目标。

作品：北极光（Northern Lights）
设计师：道格拉斯·柯普兰
（Douglas Coupland）
地点及时间：研科云庭，2018 年

　　研科云庭的特色是在建筑的南立面上集
成了 LED 照明系统，围绕着立面上的每一
个"像素"，即建筑的窗框。这个系统是艺术
家道格拉斯·柯普兰的艺术装置的基础。柯
普兰利用建筑物弯曲的形态，同时使用了被
建筑设计师比雅克·英格尔斯视为具有矿物
学特征的底层结构，创造出一系列动画图帧。
柯普兰还将发布一个名为 Cellophane 的免
费程序，可以让智能手机和平板电脑用户将
其设备高举对着研科云庭，以查看和读取有
特定颜色的信息。在全彩运动模式下，这些
信息是肉眼无法看出的。这些消息可以是简
单的数据，如日期、时间和天气，但随后也
可能发展为更大、更精细的序列，例如穿过草
地的风或飞行中的鸟，简单但原始的地球和天
空图像。

作品：旋转的吊灯（Spinning Chandelier）
设计师：罗德尼·格雷厄姆
（Rodney Graham）
地点及时间：温哥华一号公馆，2018 年

　　格雷厄姆的作品来源于其在 2005 年的
35 毫米短片《松开扭转的水晶灯》（Torqued
Chandelier Release）：一盏仅靠散开的绳
索吊挂起来、飞速旋转的水晶灯。作品位于
格兰威尔街和海滩大道交叉口桥下，一个 18
世纪法式风格的巨型（14×21 英尺）枝状吊
灯缓慢旋转上升，每过 24 小时就会回落并
恢复初始状态。《旋转的吊灯》很快会成为一
个城市地标，使原本昏暗的桥下空间变成一
个令人愉快的公众娱乐场所。

水平线（Horizon）
张欧（O Zhang）
2009 年 7 月 ～ 2010 年 1 月
温哥华美术馆室外公共艺术空间"Offsite"

从香格里拉到香格里拉（From Shangri-La to Shangri-La）
肯·伦（Ken Lum）
2010 年 1～9 月，
温哥华美术馆室外公共艺术空间"Offsite"，
温哥华香格里拉酒店

广场（Plaza）

希瑟·莫里森 & 伊万·莫里森（Heather & Ivan Morison）

2010 年 10 月～ 2011 年 5 月，

温哥华美术馆室外公共艺术空间 "Offsite"，

温哥华香格里拉酒店

第二次约会（Second Date）

伊丽莎白·普拉特（Elspeth Pratt）

2011 年 6 月 ~ 2012 年 1 月，

温哥华美术馆室外公共艺术空间"Offsite"，

温哥华香格里拉酒店

举手表决（Hand Vote）

绘泽浩太（Kota Ezawa）

2012 年 2 月～ 2012 年 9 月，

温哥华美术馆室外公共艺术空间"Offsite"，

温哥华香格里拉酒店

夜晚工作室里的大幅油画和女像柱草图
（Large Painting and Caryatid Maquette in Studio at Night）
达米安·莫佩特（Damian Moppett）
2012 年 11 月 ~ 2013 年 4 月，
温哥华美术馆室外公共艺术空间"Offsite"，
温哥华香格里拉酒店

平静（Calm）

没顶公司（MadeIn Company）

2013 年 4 月～ 9 月，

温哥华美术馆室外公共艺术空间"Offsite"，

温哥华香格里拉酒店

从黄昏到黎明（From Dusk to Dawn）
马克·李维斯（Mark Lewis）
2013 年 10 月～ 2014 年 3 月，
温哥华美术馆室外公共艺术空间"Offsite"，
温哥华香格里拉酒店

释怀一刻（Time to Let Go......）
巴巴科·哥尔卡（Babak Golkar）
2014 年 4 月～ 9 月，
温哥华美术馆室外公共艺术空间 "Offsite"，
温哥华香格里拉酒店

为每人都有一个日落（For Everyone at Sunset）
罗伯特·尤兹（Robert Youds）
2014 年 10 月～ 2015 年 4 月，
温哥华美术馆室外公共艺术空间"Offsite"，
温哥华香格里拉酒店

编织年代（Woven Chronicle）
瑞纳·塞尼·卡特（Reena Saini Kallat）
2015 年 5 月～ 10 月，
温哥华美术馆室外公共艺术空间"Offsite"，
温哥华香格里拉酒店

经历（The Experience）
伊丽莎白·兹沃纳尔（Elizabeth Zvonar）
2015 年 11 月 ~ 2016 年 5 月，
温哥华美术馆室外公共艺术空间"Offsite"，
温哥华香格里拉酒店

你的王国（Your Kingdom to Command）
玛丽娜·罗伊（Marina Roy）
2016 年 6 月～ 10 月，
温哥华美术馆室外公共艺术空间"Offsite"，
温哥华香格里拉酒店

红绿蓝（Red, Green, Blue）
卡恩·李（Khan Lee）
2016 年 11 月～ 2017 年 4 月，
温哥华美术馆室外公共艺术空间 "Offsite"，
温哥华香格里拉酒店

抑或（OR）

曾建华（Tsang Kin Wah）

2017 年 5 月 ~ 10 月，

温哥华美术馆室外公共艺术空间"Offsite"，

温哥华香格里拉酒店

Jeff Lun Lawrence Ma   Linda Huot

Louisa Feng

Paul Jassal

Selena Tan

Maggie Ma   Vicky Xie

Josie Ding

Yuki Zhou

Kelsey Andronik

Neil Kornfeld

Esther Wu

Yuet Chi Lee

Westbank
Piano Program
西岸钢琴项目

费尔蒙特环太平洋酒店
多伦多香格里拉酒店大堂
研科花园
温哥华一号公馆
阿铂尼·隈研吾
蝴蝶

我们与保罗·法奇奥里（Paolo Fazioli）先生的长期合作大概始于我们最有名的阿尔伯尼街项目，即温哥华香格里拉酒店。约在 9 年前，法奇奥里先生的钢琴就安放在此处。到现在为止，我们又订购了 6 架。

"钢琴"项目帮助我们通过工作实践实现远大理想。它既是我们对建筑物热情的体现，也是我们通过独特的设计送给参与项目的建筑师和设计师们的一份礼物。对于建筑师来说，设计一架法奇奥里钢琴，可以说是以一种全新的方式进行创作。从某种程度上来说，它类似于从 1975 年与其合作开始，至 2010 年与其合作终止的宝马艺术汽车计划。这个计划体现了艺术与工业设计的完美结合，也是对我们构想西岸钢琴项目的一个铺垫。

在西岸与法奇奥里的合作中，建筑师都要接受挑战：设计一架能够符合建筑类型学的钢琴。充满挑战的设计过程对设计师和我们自己都非常有趣，而且我们似乎也设计得越来越大胆。只要法奇奥里先生愿意继续和我们合作，我们还将不断尝试，不断制造惊喜和快乐！

我们的钢琴项目巧妙地结合了我们公共艺术项目中的整体艺术原则和我们正在探索运用的日本分层哲学。在我们的工作实践中，项目成功与艺术密不可分，而公共艺术项目则是核心组织要素。钢琴项目已经成为艺术项目中的一个层次，通过现场音乐、即将到来的音乐盛世甚至是高级定制复古时装把所有项目统一起来。

建筑设计实际上是一种艺术形式。然而今天，大部分人都不会这么认为。他们觉得，建筑设计只是建筑建造过程中简单的一部分，虽然在大多数情况下也的确如此。然而，对于与我们合作的建筑师来说，他们是真正的艺术家。他们采用解决方案的方式，揭示了一种创新和精美的视角。

无论钢琴项目、艺术项目、建筑的外形，还是嵌入我们每个项目的不同部分，你都能从中发现罕见的艺术技巧。由我们的建筑师们设计而成的法奇奥里钢琴是这个过程中不可或缺的一部分，每一个都生动体现了我们对整个艺术作品的奉献。

保罗·法奇奥里

意大利文

法奇奥里公司的诞生肩负着一项使命：证明钢琴不是以被动和不可改变的方式固定在传统上的工具。相反，我们一直认为，钢琴和其他任何人类智慧的结晶一样，可以而且必须受到技术科学发展和美学发展的影响，但并不会"背弃"其过去的辉煌历史。

经过近 40 年的发展，我们相信我们对这一使命一直矢志不渝，甚至还激励了我们在市场上的竞争对手。自 1981 年以来，我们便以最重要的钢琴公司的身份进行创新和改进产品。我们可以肯定地说，今天我们打造的乐器平均优于 40 年前的乐器。

法奇奥里的故事充满了挑战，我们一直都雄心勃勃，拥有宏图大志。

我们曾经多次对钢琴的外表进行了有趣的创新改革。在我们特别收藏的钢琴之中，除了 M. Liminal 和 Aria 模型以外，还有一架专为西岸集团打造的钢琴，它是我们实践工作的珍宝。在我们的办公室，他们都有自己的小名，就像我们称呼最亲密的朋友一样："费尔蒙特""研科""香格里拉"，以及我们最近开始打造的两架钢琴——"隈研吾"和"谭秉荣"。

我们相信，西岸集团通过动态建筑学以及委托最有创意的设计师设计钢琴、实现创新是非常有远见的举措，他们能把这项任务委托给我们，着实让我们感觉荣幸至极。每个方案带给我们的都是全新的挑战和成长的机会：有机会在钢琴史上写下我们永不会"背弃"的一章，并怀揣好奇心、发挥聪明才智不断前行。

保罗·法奇奥里
法奇奥里钢琴水疗中心

L'azienda FAZIOLI è nata da una sfida: quella di dimostrare che il pianoforte non è uno strumento "ingessato", ancorato in modo passivo ed indissolubile alla tradizione. Al contrario, siamo partiti dal presupposto che il pianoforte, come ogni altra opera dell'ingegno umano, possa e debba essere soggetto a sviluppo tecnico scientifico e ad evoluzioni estetiche, senza che ciò costituisca un "tradimento" verso quel glorioso passato che ne ha scritto la storia.

A distanza di quasi quarant'anni, riteniamo di aver coerentemente portato avanti questa missione, addirittura stimolando i concorrenti che già erano sul mercato prima di noi. Dopo la nostra comparsa, nel 1981, le più importanti aziende costruttrici di pianoforti si sono lanciate nell'innovazione e nel miglioramento del loro prodotto. Possiamo sicuramente affermare che gli strumenti che oggi si costruiscono sono mediamente superiori rispetto a quelli di 40 anni fa.

La storia di Fazioli è costellata da sfide: ne siamo sempre stati avidi. Abbiamo affrontato più volte anche quella, così intrigante, dell'innovazione della forma del pianoforte.

Oltre ai modelli M. Liminal e Aria, fra i più noti della nostra collezione speciale, i pianoforti costruiti per Westbank rappresentano dei veri fiori all'ochiello. Nei nostri uffici i loro nomi vengono abbreviati, come si fa con quelli degli amici a cui più ci si affeziona: il "Fairmont", il "TELUS", il "Shangri-La", oltre ai due pianoforti che abbiamo iniziato recentemente a costruire - il "Kengo Kuma" e il "Bing Thom" ...

Riteniamo che l'iniziativa di Westbank di affidare a studi di architettura dinamici e ai designer più creativi l'innovazione estetica del pianoforte sia stata molto lungimirante e siamo molto orgogliosi che il compito di realizzarli sia stato affidato a noi.

Ogni proposta rappresenta per noi una nuova sfida ed un'opportunità di crescita: un'occasione per scrivere un ulteriore capitolo di quella storia del pianoforte che appunto non "tradiamo", ma semmai portiamo avanti con curiosità ed ingegno.

Paolo Fazioli
Fazioli Pianoforti Spa

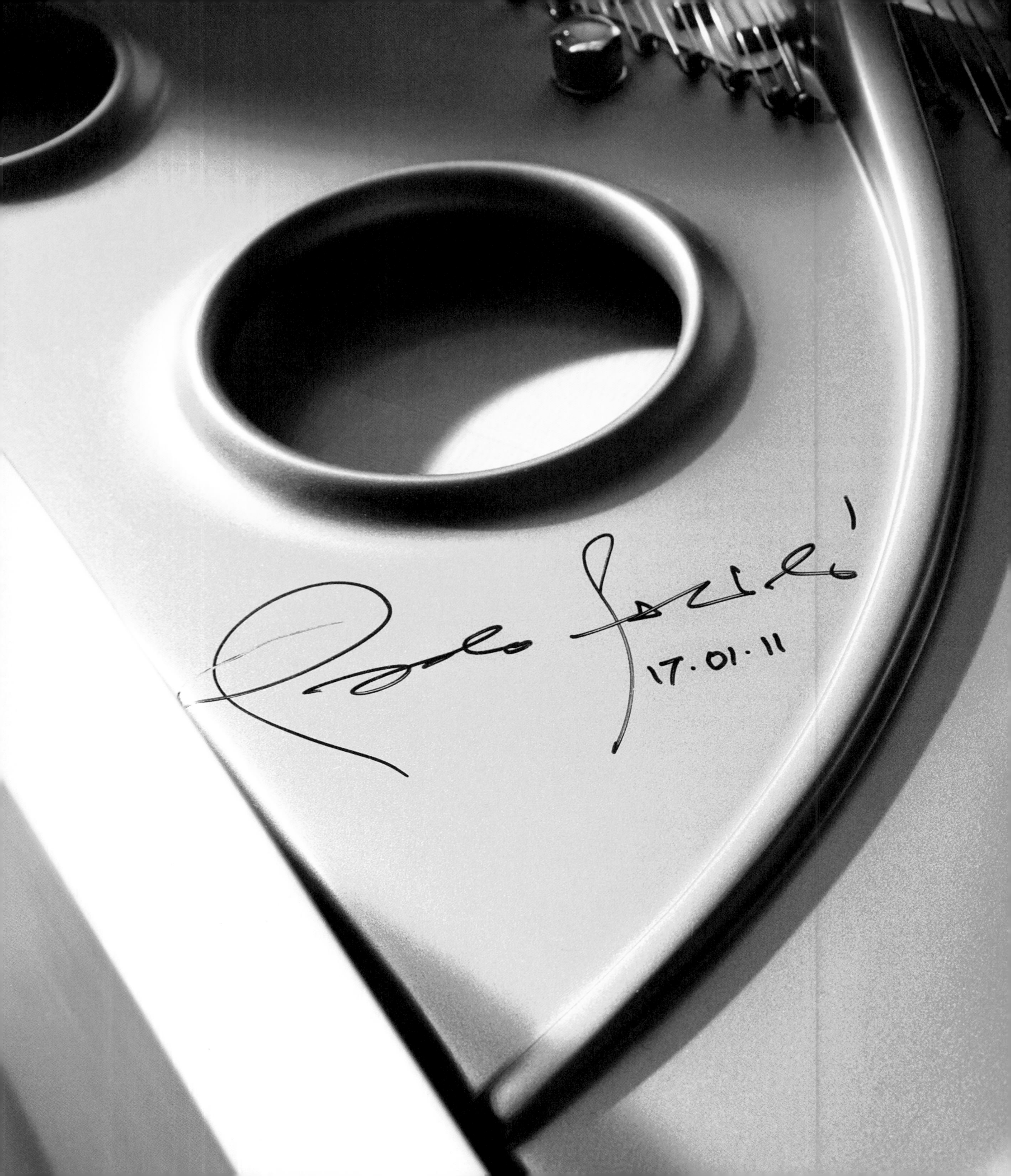
17.01.11

FAZIOLI

法奇奥里钢琴自 1981 年由工程师和钢琴家保罗·法奇奥里创立以来，一直生产大型钢琴和音乐会大型钢琴。对音乐的热爱，科学的专业知识，作为工匠的技巧和对研究的热情，加上严格的材料选择，使得每一架法齐奥里钢琴都成为融合了独特的功能、美学和音响特征的杰作。

工厂

工厂位于威尼斯东北 60 公里的波德诺恩省的萨迪，这个地区以精湛的木工工艺而著称。2001 年，生产转移到一个 5000 平方米新的综合楼，大楼设计满足钢琴生产的具体要求，符合实用性、亮度和气候控制的最现代标准。

菲姆谷位于意大利西部阿尔卑斯山脉的中心地带。19 世纪，著名的小提琴制造者安东尼奥·斯特拉迪瓦里用这片红云杉森林的木材来制作小提琴。今天同样的红云杉被用来制作法奇奥里钢琴的声板。这种细木只有一小部分适合于音板的构造，这是钢琴真正的心脏。事实上，音板的构造需要高度弹性和结实的木材，具有低密度和绝对规则的纹理。

琴壳

制作钢琴的第一步是从制作琴壳开始，琴壳由两层构成，内部和外部。内部的琴壳较低，由 5 毫米厚的实心枫木堆叠而成，实心枫木再由特殊的磨具弯曲形成独特的形状。由于弯曲木材具有明显的困难，这是生产过程中极其微妙、细致的阶段。这一过程同样适用于成型外缘时，外缘比内缘高，粘在内缘周围。在法奇奥里工厂，琴壳仍然是按照古老的方法成型的，为了适应新的形状，将木材放在夹子里几天。这种方法允许胶水自然干燥，而不是人工辅助的过程。这样，木材的自然倾向得到尊重，以确保钢琴的稳定性和寿命。然后将琴壳放置不少于 6 个月，以便开始进一步组装。

框架

钢琴的承重框架连接在内琴壳上，使用前横件和金属接头安装，然后将钢筋安装到接头中，并连接到琴壳上的各个点。这些木条由三段云杉制成，它们被粘在一起，以保证最大的稳定性。钢筋和琴壳之间的连接是通过使用燕尾接头实现的，燕尾接头是用云杉销密封的。在创建接头和将棒材附着到琴壳时，需要特别谨慎小心，确保结构具有阻力和牢固性。

音板

音板由几根红云杉制成，用四分之一锯法从树干上切下来，并排粘在一起。高度专业化的法奇奥里技术人员经过严格的筛选，选出 1 厘米厚，8 ~ 12 厘米宽的木板。在胶合之前，长度是用手规划的，以达到无缝装配。胶合使用经过时间考验的手动夹紧系统进行，这仍然是获得精确结果的最佳方式。胶合后，多余木材被剔除。然后用特殊的校准机对两边进行校准和抛光，以确保它们完全平行。最后，在严格保持湿度和温度条件的气候控制室中，将音板放置至少三年。

隔声板

在进入生产过程的下一个阶段之前，声板在边缘处被进一步刨平，以便增加其移动性。刨板的过程是一个非常微妙的操作，需要考虑许多参数和变量；板将如何对不同频率的声音做出反应，很大程度上取决于这个过程的结果。由于这个原因，法奇奥里技术人员使用一种特殊的数控机床，它能够保证精度到十分之一毫米。

粘贴琴骨

音板现在是一种非常柔软的薄膜。为了加固音板，由红云杉制成的小横木——琴骨垂直地贴在木纹上。它们用一种特殊的气压机粘在一起，以确保琴骨、板和模具之间的完美粘接。

测量曲率

在上胶前和上胶后，工匠都要确保板沿每根琴骨的曲率都是准确测量的，以确保达到设计中设定的严格参数。

打磨琴骨末端

在粘接到板上后，琴骨的两端被刨成一个特定的剖面，使板具有更好的弹性和更好的控制，从而产生更好的声学效率。

粘合琴桥

两个琴桥是用另一种特殊的压力机同时粘在琴板上的。通过将它们压在特制的模具上，琴板获得了双曲度。在这个过程的最后，琴板看起来有点凸，类似于一个大半径的球形帽的表面。

声板最终处理

砂光打磨后，对声板进行最终处理，以保护声板不受目的地湿度的影响。特殊的工艺以提供最大防水与最小干渣，以消除对音色的负面影响。

音箱

一旦表面处理完成，音板就被粘在内部边缘，钢琴的灵魂从音板传递到钢琴的音箱上。音箱在气候控制室中反复试验了不少于 4 个月。

铁架

法奇奥里钢琴的铁架子使用传统的砂铸造的方法。这种方法必须由技艺高超、经验丰富的工匠来完成。与现代自动化系统相比，这种铸件具有优越的声学效果。

销块

销块是钢调谐销插入的部分。销块的稳定性和强度对调谐的稳定性具有根本的重要性。对于较小的模型，销块是由 21 层山毛榉木在极高压下用酚醛胶水粘在一起制成的。对于较大的模型，销块是由 7 层坚硬的枫木胶合而成，颗粒相互对立，同样在高压下使用酚醛胶。销块必须完全适合它的外壳，它位于铁框架的前横梁下面。这是一项非常精细的操作，由专业技术人员手工进行，以确保最高的精度。

匹配铁架与音箱

将铸铁框架与音箱相匹配是一项基

本且特别精细的程序，必须考虑到铸铁框架冷却过程中引起的任何细微变化。因此，每一种情况都必须为它自己的框架进行度量。这个操作定义了音板上方框架的准确位置，也确定了琴桥的高度，以保证未来的弦张力是正确的。当这个阶段完成后，这两个部分将各自独立，只有在琴弦接触时才会再次相遇。

琴桥凹痕

琴桥是由枫木和桃花心木粘在一起的薄条制成的。桥顶用不同质量的木材层压而成，硬度与弦的频率成正比：枫木是基础和中心区域的优先木材，喇叭木是高音区域和黄杨木是最高音区域。琴桥顶上的凹痕必须由最熟练的工匠熟练制造。

外边缘粘接

在一个特殊的温湿度控制室中风干几个月后，外壳被粘在外缘，在进入施工的下一个和最后阶段之前再次储存起来。

加工并插入铁架

在永久性地插入琴弦之前，琴框要与钢琴相匹配。在铁架上钻孔，以便调谐销的孔与销块的位置完全匹配。经过仔细的打磨后，涂上一层金漆。最后，安装悬挂销和搭扣，为装琴弦做准备。

铜弦的生产

琴弦的长度和厚度直接影响到音质的整体质量，最重要的是，它能否与钢琴整体的音域完美契合。为了达到这一目的，法奇奥里钢琴使用专门开发的软件，根据乐器的长度优化琴弦的工作参数。低音弦是用一根铜线绕在弦的钢心上制成的。

琴弦的连接

在专门设计的机器的帮助下，琴弦就会连接在一起。在插入将琴弦连在一起的调音弦轴之前，机器会首先在弦轴板上钻很多孔。机器慢慢地把调音弦轴插进弦轴板里。为了确保这些钻孔保持完美的圆形，这一步骤必须在极大的压力和高精度的情况下完成。

双尺度

弦的后面部分，也就是谐振器，与直接被锤子击打的弦部分是隔离的。谐振器与所敲击的音符产生共振。这就被称为双尺度。因为拥有能够使谐振器的长度修改的系统，法奇奥里钢琴的双尺度是完全可以调节的。这个系统使谐振器能够调到极致。

准备琴胆

琴胆是由数千个部分组成，每个部分都有助于将钢琴演奏者的手指活动转成声音。这个复杂而精致的机械装置由三个主要部分组成：琴胆、键盘和音槌。我们的琴胆是由该领域最负盛名的专业人士根据我们自己的法奇奥里标准制作的。音槌的中心部分是胡桃木。这种木材在抗压和抗冲击性方面均具有优异特性。音槌中选用质量最好的毛毡是以获

得最大的强度和弹性。固定音槌头的音槌杆是由以强度和灵活性而闻名的鹅耳枥树材制作。键盘也是按照法奇奥里的特殊设计制作的，它坐落在一个橡木框架上。云杉木的键盘经过检验，每一个按键都可以完美贴合橡木框架。接下来将琴胆置于按键顶部，法奇奥里技术人员耐心地进行了数千次精细调整，以确保钢琴演奏者的意图通过复杂的杠杆机制，以难以置信的精确度传递到音槌上，最后传递到琴弦上。

琴胆的定位

为了确保音槌在最佳的打击点击中琴弦，法齐奥里技术人员对琴胆的位置进行精确地检查和复核。当找到此位置后，安装挡块，将琴胆固定到位。

侧面凹口

一旦琴胆被精确定位，那么侧面凹口和表壳的抛光就可以完成了。

抛光

钢琴的高光泽度是通过在表壳上喷涂聚酯薄膜来实现的。使用的聚酯是法齐奥里专属定制的。它适用于配备最先进过滤系统的专用加压舱。抛光分几个阶段进行，单涂层，静息期和打磨期交替进行。

减震器

这种由木头和毛毡制成的减震器可以防止琴弦在不用琴键时发生振动。减震器的装配、定位和调整要求特别细致

和精确。减震器由三个不同的部分构成，每个部分具有不同形状的毡，以匹配琴弦的三弦、双弦和单弦模式。

加重键盘的重量

减轻键盘的重量，可以使钢琴演奏者在按键时所感受到的阻力标准化。这是通过在每个键的一侧插入小的铅重量来实现的：它们的范围从低音键中的最大52克到高音键中的最低48克不等。通过插入重量，可以补偿音槌的重量。音槌在低音中比高音中重。通过使用样品重量，技术人员逐键地确定每个铅重量要插入按键一侧的所需的重量和位置。

打磨和抛光

成品部件的打磨几乎完全是手工完成的，因为只有人手的灵敏度才能确保钢琴各部分的完美性。唯一的例外是盖子，其中大表面区域由自动化机器抛光，保证了完美的平坦表面。然后对成品和砂光部件进行抛光。只有在第一阶段的抛光使用机器。最后的抛光是手工完成的。

语调和调整

钢琴的音色是由音槌头上的毛毡密度决定的。用于改变槌毡密度的技术是call voicing。携带可以刺穿音槌表面的三根针的一种特殊的工具用来给钢琴"配音"。最后的这一个阶段，在所有的调节和调整完成后进行。实现最好的声音是至关重要，并且这需要掌握技术人员的高度敏感性和耐心。

费尔蒙特环太平洋酒店
米歇尔·比格（Michelle Biggar）

在进行费尔蒙特环太平洋酒店大堂酒吧和餐厅的室内设计时，我们的目标是在区分空间的同时达成一种具有高度整体性的设计，从而为酒店宾客创造真正独特的体验。当得知要设计一架定制版法奇奥里钢琴来作为项目的尾声时，我们的初始设想就是要让这架钢琴成为一切的中心——不仅仅是大堂的中心，更是整座酒店的中心。最终，这架在意大利纯手工制作的钢琴——有着复杂而结构精细的开口图案，风采盖过了室内180英尺长的折纸轻雕，成为吸引宾客进入大堂的最重要的视觉焦点。

多伦多香格里拉酒店大堂
米歇尔·比格/勒纳特·李（Renata Li）

　　多伦多香格里拉酒店大堂的定制型法奇奥里钢琴旨在与酒店大堂和餐厅概念完美融合，而酒店大堂的设计与酒店底层的 Bosk 餐厅相得益彰。这两个空间的设计是同步进行的，因此它们在拥有各自特色的同时，在设计语言与材料运用上保持了连贯性。酒店大堂表面为石灰华石纹理，华彩部分采用橡木；而 Bosk 则以木材彰显了餐厅富有生动而紧凑的设计风格。两个设计都体现了香格里拉永恒而低调的美学追求，其间蕴含着淡淡的亚洲风情。为了与以橡木为主的大堂的设计相融合，钢琴用白橡木制成；而对我们来说，最重要的一个方面是让钢琴的设计具有加拿大风格。因此，我们从琼妮·米切尔（Joni Mitchell）的歌曲《我的父亲》（*My Old Man*）中节选了一句歌词，蚀刻在钢琴盖上。

My old man
He's a singer in the park
He's a walker in the rain
He's a dancer in the dark
We don't need no piece of paper
From the city hall
Keeping us tied and true
My old man
Keeping away my blues

Joni Mitchell

格雷戈里·恩里克斯

　　当我们在研科花园中设计法奇奥里钢琴时，我们试图设计一个真正属于这里的乐器。为此，乐器使用的材料以及几何形态必须与整体项目保持一致。受不列颠哥伦比亚省的自然环境的影响，研科花园的建筑带有一种明显的西海岸风格。项目中我们大量使用了棱纹道格拉斯冷杉木，建筑外部的"鲸骨"顶棚以及内部的梁都使用了这种材料，我们也将它用在法奇奥里钢琴的设计上。设计的每一处细节——从钢琴凳的几何形态，到钢琴腿的"V"形元素，都完美呼应了建筑设计中使用的元素；不仅如此，这架钢琴中的每一处细节都是对美学的贡献，和它发挥的其他功能效用一样。我们一直都把钢琴看作是大堂的焦点，入口处的声学效果创造出的独特的声音混响，更好地突出了钢琴的音乐。现在该项目已经完成，钢琴也已经安装完毕，这个设计最终使研科花园拥有了更加良好的体验，这真是一件令人愉快的事情。

温哥华一号公馆
比雅克·英格尔斯

　　温哥华一号公馆大堂的设计概念是创造一种画廊式的气氛，其中功能各异的物体似乎是漂浮在空间中的艺术品，如前台、邮箱和夹层楼梯的设计等。因此在设计法奇奥里钢琴时，我们希望它和这些浮动的物体一样成为这些元素的自然补充。所有这些元素都由黑钢制成，以便与原始混凝土墙和白色水磨石地板形成最大的视觉对比。最终，钢琴被简化到只剩下最基本的构成元素，看起来像一个底面闪闪发光的悬浮的简单梯形。这个设计无论是在概念上还是视觉上，都与大堂中的一切元素有着千丝万缕的联系。

阿铂尼·隈研吾
隈研吾

作为建筑师，我们从来没有想过设计钢琴。尽管设计思路天差地别，不过我们很喜欢这个想法，因为它开启了我们对于"如何让建筑与装置对话"的思考。因此我们从概念设计开始。由于阿铂尼的设计致力于通过私密舒适的日式空间创造一种新的高层体验，于是我们就开始思考钢琴怎样唤起同样的感受。最后，通过使用一种被称为"Hinoki"的木材（专门用于建造日本佛塔的一种材料）和类似于雕刻佛塔的工艺，我们做出了一个柔和、温暖而有质感的设计。这个神圣的组合标志着永恒。

蝴蝶

维内林·考克罗夫

  当我们得知需要为蝴蝶项目的大堂设计一架钢琴时，我们的想法是用设计建筑的方式去设计它。我们设计的是体验，无论设计对象是一座建筑还是一架钢琴，我们都认为，我们设计的是框架，而个人体验就是围绕着它展开。只有当情感被最大限度地激发出来时，我们的设计才能发挥最大价值，因此我们试图达到这种人与建筑之间的互动。

  后来我们又得到了为蝴蝶大堂设计一架钢琴的机会。这次，我们希望这架钢琴的设计可以很好地融入建筑空间中的体验。钢琴腿和扶手上的亮度呼应了花园廊道空间，而精美雕刻的几何形状雕花与建筑表皮的起伏形态相互辉映，其灵感来自于周围的环境风貌。在设计钢琴的整个过程中，我们提取了麦昆的礼服、牡蛎（Oyster）礼服、克洛登（Culloden）窗以及沃尔斯与萨拉班德（Voss and Sarabande）[①]中的元素，用来烘托钢琴的设计形式。每一件礼服都恰如其分地承载了不同的情感，它们形态迥异，却并行不悖地展示了极高的艺术性。我们尝试把这些互为补充的灵感组织在一起，从而创造一种崭新的叙事结构。

  最终，这架钢琴讲述了它所在承载的空间特性，并且融入了许多艺术媒介的特点。它被看作是一个空的容器，充满未知的可能，因此可以承载新的邂逅，每一个人都可以即兴赋予它一个名字。设计师邀请钢琴家通过每一场精彩的演出来塑造听众们不同的体验，并且希望每个听众，随着音乐的流动，可以自由地将他们自己的联想附加到钢琴以及钢琴所在的建筑物中。

[①] 沃尔斯，挪威城市；萨拉班德，西班牙一种舞蹈。

"蝴蝶"钢琴照片摄于意大利萨瓦勒，法齐奥里钢琴工厂，2017 年 8 月 1 日。

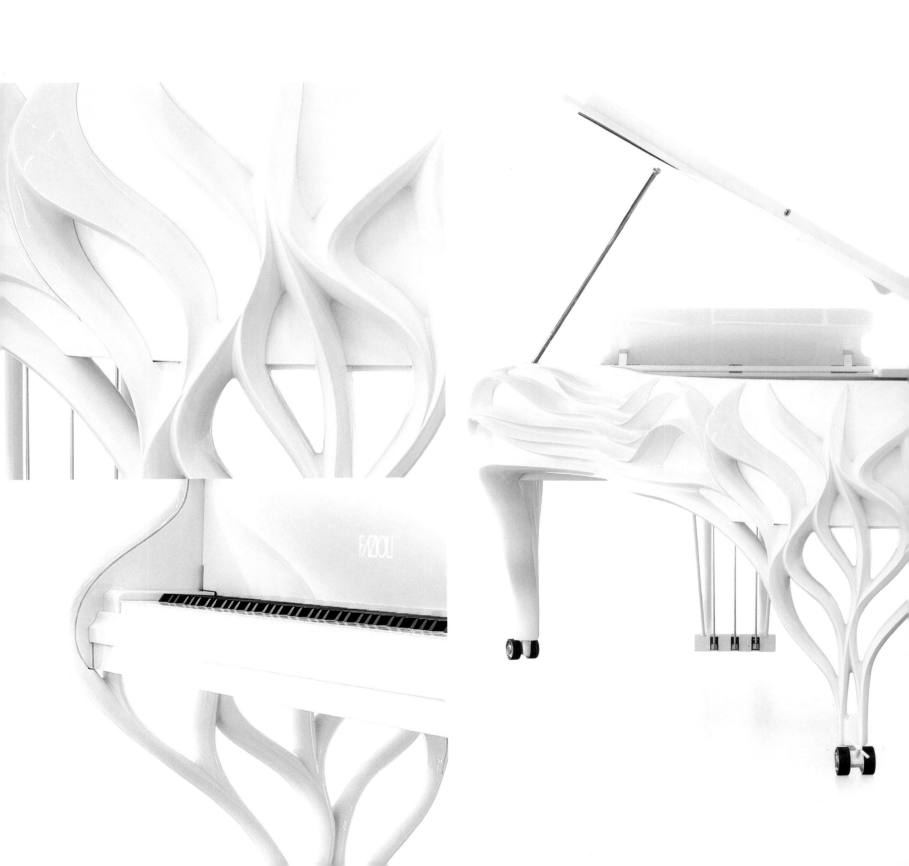

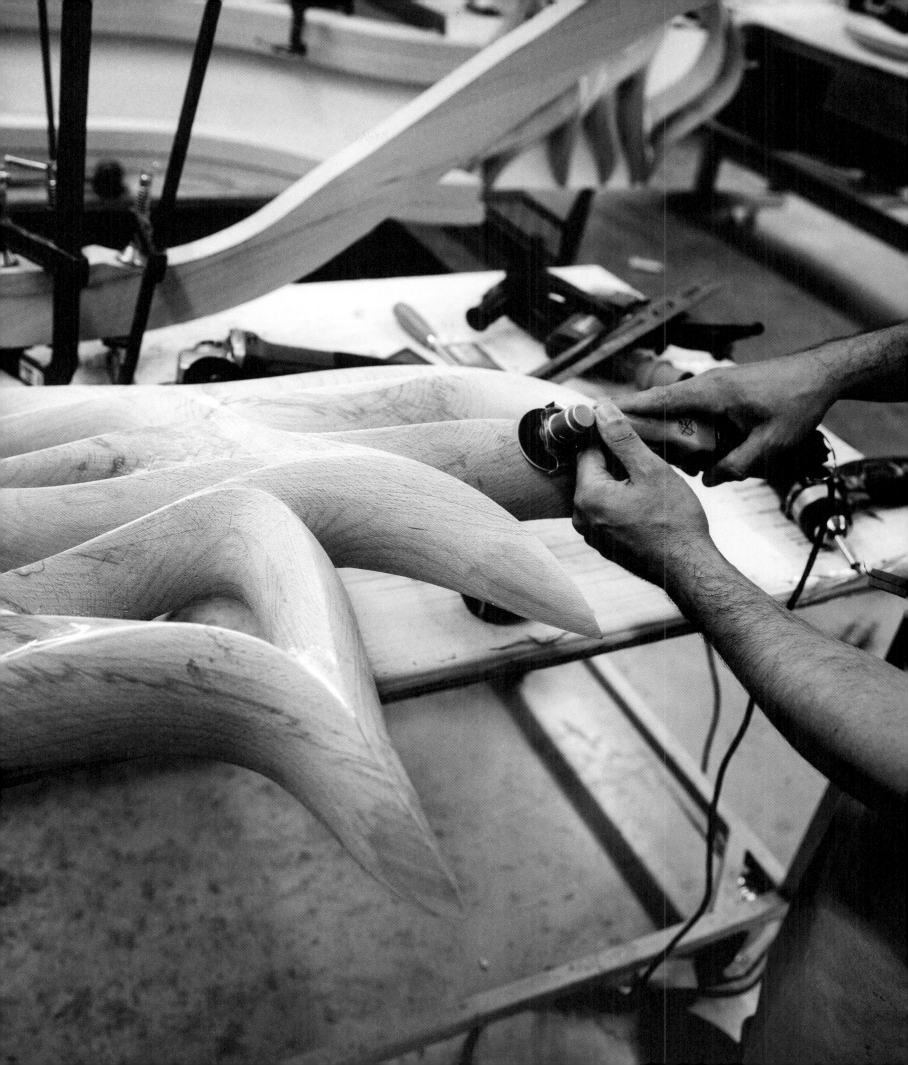

街头琴音 "Key to the streets" 项目

起初，我们只是想要举办一个由西岸集团赞助的基金筹集活动，目的是帮助购买以及在城市中安置公共使用的钢琴。但是后来，我们定做的钢琴成了此次活动的焦点。为了这次活动，我们专门为钢琴造了一辆自行车，自行车连着一个托架，托加上放上钢琴。然后，我们找来艺术家佐拉·诺瓦克（Zola Novak）在钢琴上作画，并邀请罗伯逊市市长骑着自行车把它送到了霍德商城安置。这个想法是在2015年巴黎恐怖袭击发生后我在看CNN[1]

的时候想到的。当时，在巴黎广场，一个人用一架绘有和平标志的钢琴公开演奏了 Imagine；而当达拉斯警察枪击案发生数月后，他又用这家钢琴演奏了 Dallas。这个人用音乐对这些事件做出了有力的回应，而我认为它所传递的情感应该被复制。当时为了街头琴音项目而设计的钢琴依然在霍德商城的大厅里，每天都会演奏至少八个小时。接下来我们还将会在研科花园巷道里放置一架钢琴。

现在，在整个温哥华，街头琴音团

队已经拥有了 25 架钢琴，而这真的是一个极好的把人们聚集起来的方法。如果你在街上闲逛就会看到这些钢琴，整天都会有人在自发地弹奏。这个项目完全由志愿者管理，他们负责维护钢琴、在钢琴上作画、为城市采购和安置钢琴。这个项目真正体现了我们艺术构建社区的想法。

———————————

① 美国有线电视新闻网。

Taylor Foote

Kandus Davidson

Zoe Graham-Radford   Alice Floropoulos   Mike Wurm

Rob Provencal   Taylor Morgan

Jodi Hon

Diane Rapatz   Anna Peresada   David Leewen   Paul Tai

Thomas Cowle

Haider Hassan

Elaine Yang   Dianne McBeth

Graham Maloney

Brent Sehn

Creative
Energy
创新能源

贝蒂街 720 号
温室绿屋
马维殊村

在为美而战的过程中，首先面临的一个挑战就是要达成共识：什么构成了美？同时在很多情况下，我们需要有一个具有说服力的结论：为什么这种美应该被重视。在这个快速发展的世界中，这可能非常困难，尤其是当你剥开一层层的建筑表皮而探究其后时。用建筑的外形和光泽去唤起人们的反应是容易的，但用建筑内部的机械构造去捕捉人们的想象力就不是那么简单了。

尽管我们在外观设计中可以感受到美，但同时也可以在高效、简洁、适应、低成本与可持续中发现美。例如一个设计精巧的制热系统或管道，也可以成为美的事物。在气候变化的时候，供暖、保温和防止散热，或者更广义地说，提供能源供应更多先进的解决方案。今日，能源供应成了几乎所有建筑最主要的运营成本。一个拥有低隔热性能的结构，或者一个低效能、复杂的制热系统会消耗大量的能源，需要更多的维护费用。同样，吸收并增强太阳光能的玻璃墙可将办公室转变为一个需要同样多能源来降温的桑拿房。这部分能源消耗的费用不可避免地落在了个体业主或租户的头上，而这能源的排放则将危害到我们所有人。

这些问题有许多解决方法。我们知道如何去建造一个高效运作的供热和功能系统，我们知道如何低成本地使它运作并进行维护——我们其实很早就知道了。作为个人和全球公民，我们一直致力于找到一个完美的方案在解决实际应用问题的同时应对各种对抗力量，因为如果不这样，它们将成为我们摆脱石化燃料之路的桎梏。

每一个密集型城市都有各种社区能源系统。能源从集中式的供热/冷站出发，经过蒸汽管道、热水或冷却水管通道，为各种各样的建筑加热或者制冷。在温哥华，这是第一个被称为中央供暖的系统。作为北美标准的一个相对较新的系统，中央供暖由当地工程师和企业家于 1968 年建成，包括后来成为其大股东的弗雷德·威尔士（Fred Welsh）。对于那些其中在使用燃油甚至煤炭加热锅炉的方式来供暖的单个建筑或者建筑群来说，中央供暖系统是一种减少污染和降低成本

的替代方法。使用中央供暖进行再利用改造的最早案例，就是位于温哥华贝蒂街 720 号的一栋大楼，这里原来是《温哥华日报》和《省报》的印刷厂。中央暖气系统公司还建造了一个地下蒸汽管道网络，为市中心各处的多栋大楼供暖，包括圣保罗医院，这些都是中央供暖公司最早的客户。

在威尔士的带领下，该公司稳步增长，因为该地区的业主认识到创新系统的好处——中央供暖证明了自身的可靠性和富有竞争力的效率。截至 2014 年，中央供暖累计建设了 14 公里长的管道，以高达 99.9% 的可靠性为 210 栋大型建筑提供服务。40 多年来，中央供暖成功地为传统能源提供了一种更清洁的替代方案，在市中心地区淘汰了 200 多个锅炉房，替代了在 600 多个屋顶建设独立锅炉的方案。

在大温哥华地区，中央供暖系统的能源费用是最低的，2017 年每兆瓦时的费用约为 55 加元，而使用燃气锅炉费用（包括燃料，折旧和维护）平均接近 70 加元，使用电热则超过 100 加元。然而，电热系统仍然是大多数新住宅开发最常用的系统——虽然它的安装操作是最昂贵的并且是最难以改造的，但是它建造起来是最便宜的。因此，大多数开发商并不需要承担物业维保的费用，他们更愿意选择赚取高额即时回报，即使这意味着放弃一个可以长期降低成本且具有环境效益的方案。迄今为止，市场对此无动于衷。大温哥华的购买者热衷于购置房产，他们很少因为住房的能源系统不佳而弃之如敝。同样，城市当局一直没有出台相关的规定，鼓励实施更佳的能源系统，不列颠哥伦比亚省公用事业委员会——城市发展机构对此一点都不感冒，甚至提出了反对。

西岸集团和中央供暖公司有着悠久的合作历史。我们 15 年前就已经是中央供暖公司的客户，并且利用一切机会将中央供暖引入新的建筑之中——从派乐斯豪庭，格鲁吉亚豪庭，萧氏大厦到霍德商城的改造。后来，我们在研科花园项目中学到了很多能源利用的经济学知识，我们决定将研科花园打造成 LEED 白金项目。LEED 白金标准的目标虽

好，操作方法指导详尽，但同时它也是很难实现的，我们项目中的能源使用则成为最具挑战性的一环。话虽如此，与研科的合作也为我们创造了机遇。位于西摩和罗布森交叉口的一栋已有的研科办公楼，是不列颠哥伦比亚省南部的交换中心，几层楼都采用热轧铜线圈卷这种代价高昂的方式来制冷。这为我们提供了回收利用余热的机会，甚至在降低交换中心制冷成本的同时，利用研科交换中心的回收能源，为新住宅和写字楼供暖。我们请特伦特·贝瑞先生和他在基础设施战略重塑（Reshape Infrastructure Strategies）的团队优化概念和业务流程，设计了一套使研科花园比加拿大其他同类建筑更少地依赖外部能源来源。我们还接入了中央供暖系统网络，其经过此地可以满足峰值需要并作为后备能源，消除了在建筑中安排燃气锅炉的需求。这个项目赢得了 2009 年美国 LEED 绿色建筑认证——这是所有提交给加拿大绿色建筑委员会的项目中最高的荣誉。

这个项目一旦建成，我们就面临着怎样处理这个系统的问题。此时，西岸集团正在探索多样化经营，但这是一个能源公用事业，而我们从未涉足过这样一个如此具体的业务范围。因此，我们选择将这个系统转卖给了 Fortis BC①。但在随后的几个月里，我一直在想，该怎样把这样一个系统融入我们目前的事业中。一段时间以来，我们一直在试图转变我们的角色，目标也越来越大，从房地产开发至城市建设，我们在温哥华或其他的市场，已经有了很大的影响力。我越来越认识到，每一个西岸项目的完成，都会为周边社区、城市环境以及我们自身，带来正向的价值提升。研科花园展示了共享系统促进建筑运营飞跃性发展的可能，它也展示了随着西岸业务发展的多样化，我们如何使用能源公用事业进一步增强对城市可持续性的影响，使西岸集团的发展也更具可持续性。

大约在同一个时间，温哥华市政府表示希望中央供暖系统不再使用天然气，而是改为利用可再生能源。作为"绿色城市"倡议的一部分，温哥华议会在能源效率以及低碳能源利用方面的理想目标越来越高。

（他们希望到 2050 年，温哥华 100% 的能源使用来自可再生能源。）而由于建筑排放是温哥华温室气体的最主要来源，中央供暖厂又是温室气体最大的排放点之一（仅仅一厂房的排放量就相当于 200 多栋建筑的总量），因此，很明显，中央供暖系统的改造将会成为未来解决方案中重要的一环。世界上的每一个城市都在努力减少温室气体的排放，推动业主利用可再生能源，促进社区能源系统的建设和扩建。在这里，多亏弗雷德·威尔士和其他人的努力，我们有了一个现成的系统，使我们可以仅仅改造一座能源工厂就可以改变几百栋建筑的能源转换。在这里，集中供热的采购，不仅推动了我们的业务规划，也给了西岸一个机会来证明自己在温哥华市与能源行业的影响力。不仅如此，通过在全世界范围树立能源转换方式的先驱榜样，我们也进一步提升了温哥华绿色环保的国际声誉。基于以上考虑，我们开始着手进行中央供暖系统的收购。到最后环节，我了解到有五六个报价，其中包括不列颠哥伦比亚省和国外一些大能源供应商的报价。我也得知我们的出价并非最高，但弗雷德最终还是选择了我们，因为他认同我们西岸的企业精神和价值观。他确信，我们与那些仍然执着于传统化石燃料的供应商不同，我们致力于做出改变。我们要感谢他尽心尽责地为我们的城市管理这样一个完整的能源系统。未来，我们将延续他的意愿，推动中央供暖系统在这个时代的转型。

在 2014 年达成 5000 万加币的收购协议之后，特伦特和他的团队就投入了"创新能源"燃料转型的研究中，部分资金来自于加拿大市政联盟。他们综合评估了场地、技术、能源、厂房概念以及项目经费。在前期城市和中央供暖系统的工作基础上，他们把清洁的城市木材废料作为低碳能源的首选燃料这个过程体现了两种需求：全球对于技术提供者的需求，当地对燃料提供者的需求。最优的选址很快出现了：它位于工业大道北侧福溪公寓，这里靠近市中心，因此很容易与现有的基础设施联通，同时有利于向唐人街、城市东部以及福溪的其他区域扩展，例如我们的长期客户——圣保罗医院新址。工业大道位于市

① 不列颠哥伦比亚省天然气公司。

中心最密集区域之外，靠近铁路线和大型路网，既便于游客参观访问，又可以快捷地输送我们青睐的可再生能源。

采取下一步的完美时机来了！当时，我们正在与比雅克·英格尔斯进行非比寻常的温哥华一号公馆项目的合作——其所创造的项目类型，让人不由自主地想在任何地方，以任何方式进行复制。与此同时，英格尔斯及其团队正在为丹麦哥本哈根海滨的一个能源厂新址进行公共工程设计。废物处理厂及滑雪道项目（Amager for Braending）是一个市政垃圾焚烧炉，预计 2020 年落成，届时它将成为世界上最清洁的垃圾焚烧炉，设有一个屋顶野餐区，一堵 80 米高的攀岩墙，以及一座全天候的滑雪山。我们购买中央供暖的行动与"创新能源"的新品牌形象，似乎为我们提供了一个完美的合作机会，在温哥华展示 BIG 建筑事务所在能源项目无尽的创意。

最终的方案再次证明了他们的创新精神与创意能力。英格尔斯的解决方案既精彩又美观，他将木材废料利用设施置于温室之内——一个位于锅炉上的玻璃温室农场，重新利用废热和二氧化碳。除了每年因能源转换而减少 81000 吨温室气体排放（相当于减少 16500 辆的排放量）外，这个工厂每年还可生产 400 吨水果和蔬菜，这足以养活 10000 人。

英格尔斯同时还提出了两个新的特色建议，使我更坚信这个设计将会成为温哥华乃至加拿大的地标。他建议把建筑的每一处都将涂成绿色，所以从外面看，这将是一座真正意义上的"绿屋"（颜色和功能都围绕绿色），一个闪闪发光的玻璃盒子，罩住这个辅以照明设施的绿色迷宫。他们同时还设计了一条密封的游客通道，这是一条穿过整座建筑的小路，可以让我们带领访客清晰地近距离观察建筑的每一处特色。这个创新一反常态，将素来不为人知的市政基础设施，打造成吸引游客和公众参与的场所。在意识到这是一个需要精心安排的教育机会之后，我们就一直在寻求与《科学世界》合作来开发这些旅程。

用温室覆盖能源厂这件事本身就具有美感——这真的是一个无比美妙的组合，同时具有事半功倍的效果。

720 Beatty
贝蒂街 720 号

目前的中央热力系统位于西格鲁吉亚贝蒂街东面一块 5.1 万平方英尺的地产上，紧邻不列颠哥伦比亚体育馆（BC Place）。这块地产情况复杂。即使工业街区已经有了一个新的低碳发电厂，"创新能源"依然需要在贝蒂街 720 号上建立一个新能源发电厂，作为备用能源应对峰值需求，同时成为蒸汽管网分布中心。当热力中心新建起来的时候，贝蒂街属于轻工业区，位于市中心的边缘地带；而现在，这个坐落于西格鲁吉亚街的发电厂正好处于市区扩张区和新兴的娱乐休闲区之间，而随着格鲁吉亚高架桥的拆除，这里的地位将更加重要。因此这片地区有望成为又一个零售、办公以及居住中心，这也恰恰符合"城市政务区的正式发展计划"（Downtown Official Development Plan），其中提出在旺区、核心以及设施良好的区域开发更多的居住与就业空间。现在很重要的一点就是预测并补足新街道的影响，实现福溪公园的复兴，同样我们也需要保护人行道以及建筑边缘的景观。

又一次，我们把这个富有挑战的设计委托给了比雅克·英格尔斯团队，他们也再一次拿出了操作性强又极其美观的，令人钦佩的设计方案。能源工厂正在正常运作，在上面建造 70 万平方英尺的建筑空间要面对很大的工程挑战，除此之外，他们还必须克服各种场地限制：如果我们要在场地允许的最大限度条件下，建造一栋高层住宅楼和一栋高层办公楼，这两栋楼必将两面相对，严严实实地堵住对方的视线与景观；如果将两座楼沿贝蒂街相接，最终呈现出来的设计要么太高，要么太宽，或者又高又宽。但是比雅克找到了一个令人叫绝的解决方案：他们从一个类似于并排线条的形态入手，将设计改成一个柔软圆润的"S"形，形成单一并排的建筑形体，办公入口位于西格鲁吉亚街角，住宅入口位于贝蒂街，面朝不列颠哥伦比亚体育馆的是一个宽阔的流动零售广场。建筑圆润的曲线优化了住户视野，波荡起伏的、尺寸各异的玻璃窗不仅有助于消减建筑体量，也恰到好处地获取或减弱了太阳光。广场连接到不列颠哥伦比亚体育馆，是一个新的落脚点，并为大众区域配以零售和娱乐功能，也增添了去公园的新的道路，即太平洋大道和福溪。项目整体突出宜居性，打造一条通往市中心的东部通道，并在温哥华纪念大道格鲁吉亚街上建立了一个新路点。类似于BIG 建筑事务所设计的温哥华一号公馆，贝蒂街 720 号的设计充分考虑毗邻不列颠哥伦比亚体育馆的独特环境，以一种独特的解决方式应对了独特的既定需求。

Mirvish Village
马维殊村

在收购中央供暖系统并将其改为"创新能源"后，我们总是设想将该平台扩展到西岸集团具有持久影响力的其他城市。当我们在温哥华获得了有关新能源的专业知识后，看到了将低碳区域能源扩展到其他市场的机会，目标之一就是多伦多。这个城市有一个主要的地区能源系统：音浪（Enwave），它原来是一个市属公有设施系统，目前已经被私人收购。这是一个很棒的系统，但是只能满足城市的部分需求，而多伦多对能源的需求是巨大的。

我们在多伦多的第一个区域性能源项目是马维殊村，这是针对布鲁尔和巴瑟斯特历史悠久的 Honest Ed's 街区的再开发项目。就像我们在温哥华的研科花园项目一样，我们在马维殊村项目中的第一个关注点就是提高能源性能。为此，"创新能源"提出的建议是建造一座能同时提供热能和电力的联合发电厂。其中，后者是多伦多的一大优势。多伦多目前只有几条主要的供电线路服务于市中心，配电系统已经超额认购。因此，现有的电网系统已经无力负担城市不断增长的需求，而对新建的居民区来说，断电一天或更久已是家常便饭。新的热－能联合系统不仅增加了工程的适应弹性，也补强了多伦多城市电

网。我们设计的发电厂有望容纳周边地区新开发项目的需求——我们计划在未来的几十年实现此目标。我们计划从天然气作为燃料来源开始，但我们仍将减少温室气体排放，因为联合发电厂的能源效率要远远高于不回收废热的发电厂。以后我们也可能通过改用可再生能源和 / 或采用其他技术（如燃料电池）来进一步减少排放。区域能源的一大好处是，相比于具有多个所有者和决策者的分散式系统，单一集中式能源的升级更容易而且更经济。从马维殊村项目开始，我们就在多伦多构建一个网络，为向可持续能源利用的长期过渡奠定基础。

马维殊村仅仅是"创新能源"在安大略市场上的首秀。在温哥华，我们在海滨大道上的温哥华一号公馆项目中建立了可扩展的能源厂和管网系统；而对于即将开始的橡树岭中心项目，我们制定了更加雄伟的计划。通过能源置换和其他一些机遇，我们确信"创新能源"将成为我们事业发展的助力，不断为我们城市的可持续和弹性发展作出贡献。

The Fight
这场奋战

回顾"创新能源"的发展历程，这一切似乎都是显而易见的，甚至是必要的。不过的确，这一路上我们遇到了很多挑战与阻挠，妨碍我们进行改革。从社会层面来讲，我们沉迷于使用旧能源，习惯于满足眼前利益的短期思维模式。在我们建造的随意丢弃的世界中，要克服对已有基础设施和利益的强大依赖心理，培育可持续理念，无异于一场战争。

在"创新能源"的创新和应用中，我们经常会面临三个层面的压力，有时甚至是完全没有必要的。第一，是来自其他开发商的顽固抵制；第二，是我们必须与政策制定者进行斗争，他们虽然未必居心不良，但在实现雄心壮志或对特别复杂的系统充分了解以作出明智决策方面

往往不尽如人意;第三,就是与那些毫无想象力的负责人不断反复沟通。

在与开发商接触之前,所有人都需要达成一些共识,因为这不啻是我们心怀敬意去参与的一场共同奋战。例如,我认为社区能源系统是密集城市环境下能源供应的最佳选择。几乎所有大型机构园区,如医院、大学和军事基地,都依赖高度集中的能源系统。社区规模的能源系统可以最大限度地提高能源效率,降低维护需求和成本,而且系统升级改造也将更加简便和经济。大型基础设施几乎总是在共同合作中才能得到最好的发展:海堤和防洪系统、供水和排水网络、公园、运输和共享汽车,无不如此。你的智能手机亦不例外:它可能有几十个应用程序,每个都是为特定的目的而设计,并在竞争空间中运行,但所有这些应用程序都在少数共享的操作系统中运行。几乎每个应用程序的开发人员都会达成共识,那就是:比起每开发出一款新的应用程序,就得为之开发出新的操作系统,争取更多的市场份额无疑是更为可取的。

然而,房地产开发商在协作方面的实践较少。面临的第一个障碍就是:处于竞争关系的开发商之间是很难合作,尤其是当"共享"服务由他们中的一个成员拥有时。人们往往忘记或忽视服务是受监管的,而且每个人都会公平地分担成本和收益。因此,和过去的开发商合作就会很难,他们是社区能源系统与最终用户(建筑内的居民或租户)之间的守门人。一旦开发商定案设计并开始建造,在重大升级和替换之前,改变系统的可能性非常渺茫。开发商往往热衷于缩减初始成本。当你习惯于对每一比费用都锱铢必较时,就很难思考最终用户的生命周期成本。从开发商的立场角度出发,设计师和咨询师对现有的体系也有既定利益,因为他们可以获取更多的设计和安装费。许多建筑规范和标准都偏爱现在的体系,即使共享系统具有明显的环境或成本优势。然而,这也不能全赖开发商。

决策者同样存在问题。市、省和联邦各级的政客和官员们的初衷通常都很好。其中的精英人物已经看到了转型期面临的挑战,并开始制定雄心勃勃的计划以应对气候变化风险,但他们往往止步于此,没有制定实现这些目标所必需的政策框架。

他们可以提供帮助的一个领域是收集和传播有关能源系统(新旧,独立或共享)的实际生命周期成本的信息。个人无力也很少有动力关心需求信息或倡议有效系统的使用。消费者关心成本和简约性,在大城市中心(社区能源系统与之相关性最强),泡沫化的市场让人更难以选择。缺乏作出明智决策的工具和信息,人们只能根据现有能力购买或租赁,并经常因此而肯定开发商降低了初始成本,而无视最终维护成本。

另一个政策问题是后续问题。如前所述,政府非常擅长制定目标。到2030年,联邦政府已承诺将加拿大的温室气体排放量从2005年的水平减少30%,并且已经宣布了一些政策和法规来实现这一目标,但预计的排放量与减排目标之间仍存在巨大差距。地方政府限制或减少碳排放的措施不可避免地指向新建筑,建筑规范对新建筑的要求越来越高,而对已有建筑或基础设施要求甚少或没有,实际上后者排放量更大。可以理解的是,很难要求花费甚多进行房屋和建筑的改造,但这的确是不公平的。它把改善环境的重担放在了那些花钱购置一套新房的人身上,其中多数都是年轻人,他们还在为自己的第一套房而挣扎。

各国政府也慢慢开始采用诸如碳税等经济杠杆,以推进可再生、节能和低碳能源的应用。服务性事业如"创新能源"有促成巨变的能力。一个能源转换将会使温哥华市中心整整200座建筑物的碳排放大大减少。不幸的是,为了以成功的商业案例来支持这一转换,必须对市场进行刺激,或者是对处境困窘的运营者征收碳税,或者是为用户提供补贴,以便其在面对更好的能源方案时,更易决策,花费更少。

接下来,我们将不可避免地面临传统经济领域的抵制,监管者也需要推动从传统能源向绿色能源的转型。这是一场奋战,这将是未来20年内我们在全国范围内进行10000次战斗,因为我们将缓慢而痛苦地过渡转向低碳能源。同样,很容易理解为什么化石燃料公司也会抵制变革。随着他们的产品逐步淘汰，他们当中的大部分产品将会停止运营，抛弃他们价值十亿——甚至更多万亿的能源基础设施。

比较难理解的是像不列颠哥伦比亚省公用设施委员会（BCUC）这样的监管者的举措。他们为了保护在传统能源领域的既得利益和垄断地位，不惜打击那些准备转型的企业。就拿我们的创新能源举例，当时，我们带着温哥华市许可的规划去找他们，试图推广我们的能源系统。规划规定在特定新区开发的建筑必须介入新能源系统。如果这一政策获得通过，系统在经济上就变得可行，我们需要更多的接入才能实现更大地经济规模。这不是没有先例的——有一些城市，如巴黎和哥本哈根，已经制定了类似的政策，以求最有效也是最快地促进能源利用的转型。

然而委员会拒绝了我们的申请。他们回复说：温哥华市批准这样的公共能源项目的已属越权行为。他们的意思是这种行为是另一种程度上的垄断，将不利于消费者以及市场公平竞争，总之是不符合公众利益。我们努力解释消费者将怎样从这个规模经济中获益，这个系统和之前的基础设施一样。没有一个消费群体反对这个项目，也没有任何一个开发商对它提出质疑，其中包括 Fortis 和 BC Hydro——相反他们都从中尝到了甜头。如果政府没有整合本地网络系统，确保市场足够庞大且统一，使其可以承担这样大型的基础设施的成本，如皮斯河大坝（the Dams on the Peace River），我们是无法组建一个市域范围的电力系统的。现在，虽然我们面临着根深蒂固的利益、基础设施和市场扭曲的问题，我们依然需要建立新的系统，一个规模经济系统（虽然比过去的大型水电站小得多）。这就需要政策制定者高瞻远瞩，既扶持传统化石燃料领域的艰难转型，又为新型基础设施开辟市场，使能源市场可以更高效、环保、可持续地运转。我们需要高超的领导力！

在此，让我明确一点：创新能源不要求特殊优待。如果 BCUC 批准了我们新区应用社区能源设施服务的提案并开始招标，我们乐于参与，努力竞标，争取为这些地区提供服务。我们也乐于见到这些服务可以长期受到监管，利润得到限制，每一个在这里进行建设并使用系统的开发商都会以相同的税费享受同样的服务。西岸集团也应该受到同等对待。

最后，我们终将赢得胜利。所有的一切都将物有所值，并且我相信，区域能源计划的共享福音最终将传遍各地。对于创新能源目前的所有成就，我感到无比的骄傲，并且发自内心地感谢特伦特·贝瑞先生的指导和领导力。所有接受创新能源的城市都将会因其潜力而受益良多，每一个接受它的地区、每一位消费者都会受益于它的服务性能、稳定性以及环保可持续性。从环境的角度看，它将会使所有市民受益——从每一位在这里居住、工作的人，到全球范围内越来越受到气候变化影响的人。

贝蒂街 720 号，2022 年
加拿大，温哥华
BIG 建筑事务所

　　我们对创意经济产业有着浓厚的兴趣，并在其中发挥着越来越重要的作用，随着萧氏大厦、研科花园、研科云庭、美因 5 号、邓肯 19 号、西格鲁吉亚 400 号的成功打造落成，西岸集团开始开发一些大型而有趣的办公空间，并对新兴创意产业的发展给予了高度重视。除此之外，我们想最大限度地发挥这个地块的两大特色，第一是它毗邻交通线路；第二是它靠近区域能源，而利用周围的写字楼和工厂散发的余热就能为 470 户住宅公寓供能。

　　该项目的设计方案充分满足了该地块的多种需求，其中包括有温哥华创意产业对办公空间的需求，和交通枢纽附近建造租赁住宅的需求；同时也满足了不列颠哥伦比亚体育馆和罗杰斯剧场这两种截然不同的建筑风格的需求，以及在公共领域中建设隐形蒸汽工厂的需求。与此同时，在高架桥被拆除之时，该项目就将担当温哥华城区入口地标性建筑的角色。我们设计了很多方案来试图实现这些目标，最终定为两栋独立的楼，一栋办公楼，一栋居民楼；因为传统的零售 / 办公 / 住宅混合功能型的高层建筑会阻碍视线，所以我们最终敲定了目前的建筑形态设计，这种新的建筑形态将在周围诸多体育场和竞技场的环境中脱颖而出，成为通往市中心的门户性建筑。同时，我们的设计通过将两栋楼的楼层水平相连，使得办公和住宅空间的楼板面积达到最大，还可以将下面的蒸汽设施的热量通过建筑中央传导，从而为建筑顶部供热。

温室绿屋
加拿大，温哥华
BIG 建筑事务所

温室绿屋可能是我们过去几年相当重要的一个项目了。我们首先收购了中央热力公司（现在重新命名为创新能源公司），主要是因为我们希望成为解决问题的一分子。在现代城市建设方面，温哥华在很多方面都有领头作用，特别是认识到，如今必须从化石燃料中解脱出来。这个项目将于 2020 年动工，我们将这个设计独特的能源工厂命名为温室绿屋。该项目的名称源于最有效的利用能源中心生产的二氧化碳副产品的方式，能源中心在工厂顶部盖了一座温室。除此之外这个名字也是一个文字游戏，能源中心内的所有设备都是绿色环保的。该项目是从化石燃料蒸汽系统向低碳化生态化的转变，我们这次做的是木材废料引发蒸汽和热水系统。一旦项目彻底完成，每年将会减少近 16 万吨的温室气体排放量，相当于减少 34000 辆汽车的使用。

这个项目需要相当多的细节支撑，技术方面和相关审批方面非常复杂。我们将证明，智能能源系统也可以做得很美，通过它我们可以拥有可持续的未来。在能源中心建立温室花园可以利用工厂的热量、电能和二氧化碳，同时也生动地阐释了广义上的可持续性的定义。我们希望温室绿屋可以成为加拿大其他类似工厂的典范，我们在多伦多即将开展的项目已经确定下来，而且在国际上也得到认可。我们是否参与整个过程并不重要，重要的是我们能影响整个世界的城市建设进程。

马维殊村，2020 年
加拿大，多伦多
恩里克斯合伙人建筑事务所

There's no place...

...but Toronto is B...
The sky is blue.

...any place

Rhiannon Mabberley   Hunter

Terrance Zacharko

Andre Linaksita

Oribu Yokota   Amanda McDougall

Annie Ji

Jessie Xia

Annie Yuan   Constan Chen

Kevin Zhang

Alex Putrenko

Kevin Ng

Sheryl Goong   Michael Mays   Spencer Goodman   Michael Chaplin   Lindy Chow

Katherine Nguyen   Damon Chan

Pavilions & Exhibitions
展馆与展览

蛇形画廊
茶屋
完美艺术
建筑师分享沙龙
未分层的日本
萧氏大厦的星巴克

16 年来，伦敦的蛇形画廊一直有请声名鹊起的国际建筑师新秀们来打造他们在英国的第一座建筑。这次的委托时间相当紧迫，而整个建筑从发出邀约到建造完成最多只能花费六个月。但也正是得益于这份紧迫感使得受托打造而成的建筑独具风格。简而言之，建筑师要设计出一个 300 平方米的展览馆，临时搭建在海德公园西边的肯辛顿花园，作为夏季 4 个月的额外展览和活动场地。

2016 年，蛇形画廊委托 BIG 建筑事务所来设计他们的第十六届年度展馆。一朝受此重托，比雅克·英格尔斯便邀请我们来竞选主办展馆的机会，最终我们也得此殊荣。当时西岸集团在伦敦尚没有任何合作项目，所以此次项目的合作是我们全然不计报酬多寡而仅凭对建筑的热爱而去做的事。我们非常珍视和比雅克·英格尔斯建筑事务所 BIG 的合作关系，并被他们的设计深深吸引折服，因此我们认为我们完全可以将这个项目纳入我们正在进行的展览项目计划之中，以使它进一步发光发热，向世人展示其长久的魅力。

该项目的最大挑战在于从开始到现在不断攀升的预算。毋庸置疑，这个展馆不同于我们之前建造过的任何展馆，我们在展馆的结构设计上投入了大量的人力、物力和时间，众多公司和工作人员也参与其中，所以这个项目堪称一次价值不菲的商业冒险。展馆建成后我们获得了它的所有权，我们便立刻在多伦多组建了一个团队前往伦敦，用三个月的时间对展馆的每个箱子和连接零件进行编号，以便可以将其拆除并运回多伦多，并于 2018 年 11 月在多伦多进行第二次揭幕展览。

BIG 建筑事务所的蛇形画廊又被称为"未缝合的墙"，因为它把一堵竖直的墙改造成了一个具有三维空间的奇特建筑。白天，展览馆是一个引人入胜的建筑杰作和咖啡馆。夜晚，这里便幻化成蛇形画廊最为人称道的"公园之夜"项目的所在地，供艺术家、作家、音乐家齐聚于此，为公众呈现其精彩绝伦的艺术作品。从我们决定赞助这个展馆之初，我们便希望它不仅仅是一个一次性的展览，还可以满足更多的功能需求。过去，蛇形画廊的所有展馆（包括伊东丰雄、赫尔佐格与德梅隆、扎哈·哈迪德设计的作品）都在重复这一过程：被建造，展示一段时间，然后被扔进某个富人的后院或者黯然留在某个仓库里，从此消失在公众眼中。而我们对蛇形展馆却怀有更远大的愿景，我们希望能将比雅克·英格尔斯的卓越设计赋予颇具趣味的后续功能。所以我们计划带着这个展览馆上路，在世界各地一次次对它加以拆解和重组，沿途不断向公共展示它的美丽。我们的第一站将是多伦多，然后是纽约，之后可能会去西雅图，最后再回到温哥华，在那里它将被永久安置。

2016 年横空出世的蛇形画廊是一件精美绝伦的艺术作品。展馆本身虽说是一件雕刻品，但却可以容纳近 200 人，如此阔达之体量使得我们可以充分利用这个偌大的空间开展众多有趣的活动。我们意欲通过蛇形画廊使人们更深入地了解西岸集团所从事的宏伟事业。当然在某种程度上，这一点也需要观众们去自行体验和领悟，但是我们越来越觉得身教胜于言传。我们希望通过建筑实践中将不同元素杂糅在一起的巧妙设计，去产生比各部分元素

的合力还要更庞大的力量。2016 蛇形画廊的展示向公众充分展示了我们宏伟事业的诸多风采：从建筑到城市建设，从经济适用房、区域能源建设到我们和法奇奥里公司合作设计的钢琴，从规模宏大的公共艺术，到我们正在着手进行的任何一个在建项目。这样一来，人们既可以亲眼欣赏到我们的工作硕果，也有机会用自己的眼光去对之加以评判评价。

我们花费大量资金支持 BIG 建筑事务所设计蛇形画廊的原因之一是，我们认为这个展馆可以作为我们正在进行的一系列巡回展览的一个非常有趣的部分。2017 年秋天我们成功举办了"美·无止境"（Fight for Beauty）展览，紧随其后的 2018 年，我们还在橡树岭购物中心举办了另一场大型展览"筑艺未来"（Unwritten）。橡树岭展览之后就是我们设于多伦多的首次大型展览，"未健全的墙"（Unzipped）我们的目标是将蛇形画廊打造成展览最吸睛的主要看点之一。

继多伦多展览之后，蛇形画廊将于 2020 年夏季被运往纽约总督岛。我们期待在那里与我们的合作伙伴张戴维共同举办一场关于市区重建的展览。继纽约展览之后，我们的下一个计划是将蛇形画廊带回温哥华进行永久安置，当然，我们也可能在返程途中，在西雅图再次将其对公众进行展出。

不无遗憾的是，蛇形展馆的每次移动和拆卸重装都要花费数百万美元，因此我们不得不考虑移动展馆的频率和次数。但是我确信这只是我们巡回展馆旅程中的第一步，在不久的将来，展馆的其他有趣用途将会在展出过程中不断绽现，不言自明。

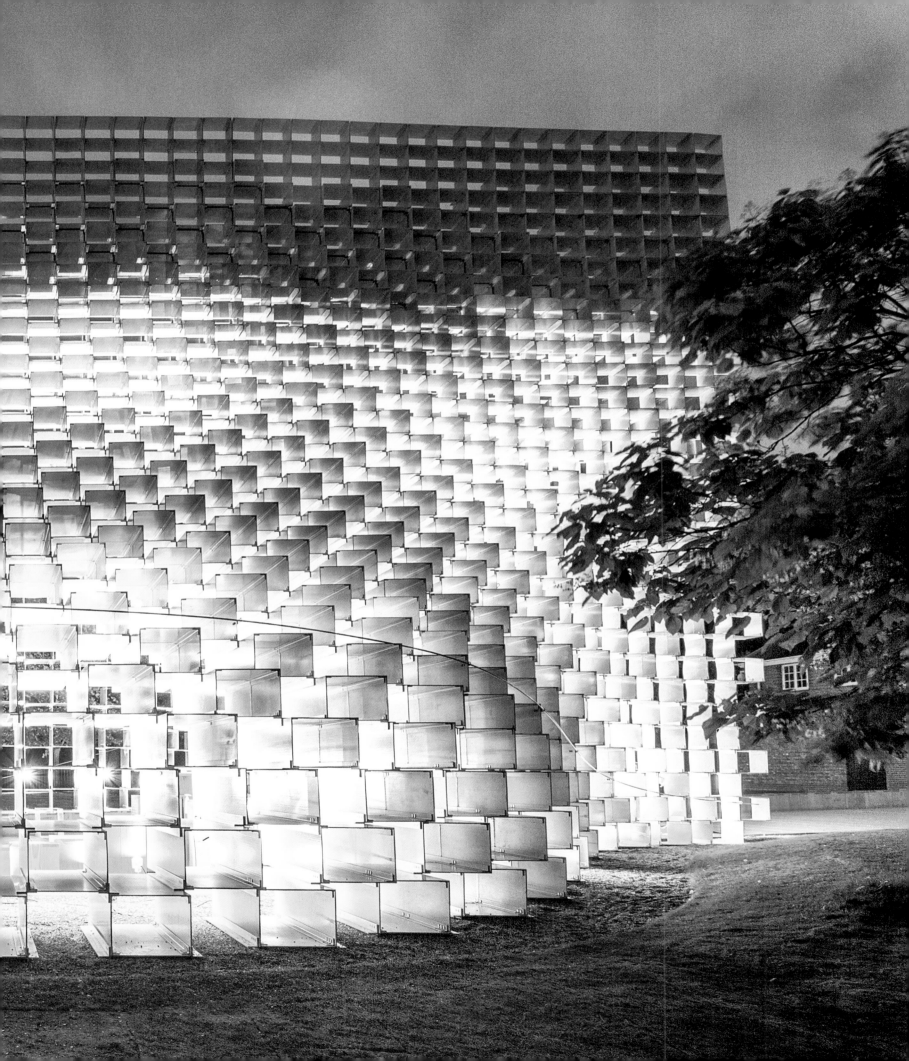

茶屋

　　2016 年 9 月，我们完成了茶屋的建造，虽然尺寸小巧，但它却是我们迄今为止的得意之作。脱下鞋，坐在留有长崎灰尘的榻榻米编织座垫上，微光透过和纸，四周散发着洋松木的气味，同时俯瞰北岸山脉和布拉德湾入口，那种感觉无以言表。隈研吾设计的项目就在萧氏大厦十九层公寓的露天平台上，展现了隈研吾所设计的阿铂尼风。据说想要了解日本的美学，就要从品茶开始。这个茶屋则是不同层次细节和设计的生动展现，它已经深入阿铂尼这个项目，真正展现了我们的实践意图。它忠实于隈研吾的设计哲学，以自然为主题，在方方面面展示了轻盈和通透的特性，每次细致观察后总能呈现出新的细节。我们利用了这个空间向顾客和潜在消费者展现隈研吾设计的阿铂尼精髓所在，那是一种无以言表、超越想象的空间体验。这不是典型的销售中心，是只有一块地毯大小的茶屋。然而，它的精致和至高品质，也在悄然向人们展示我们对美的追求。

8. Polytrichum
スギゴケ
1. Atrichum
(False Hair
タチゴケ
4. Dicranum
(Broom Moss
カモジゴケ

11. Rhytidiadel pi
squarrosus
(Bent-leaf M
ヲ サ ゴ ケ

5. Kindbergia Praeb
(Slender Beaked Mo
Plagiomnium un

"Gesamtkunstwerk"是一个德语词汇，意思是总体艺术或者是整体设计。我们用它来命名了我们在 2014 年春天举办的为期两个月的展览。展览主题是 BIG 设计的温哥华一号公馆。那两个月成为西岸集团的十大成就之一：我们的特色演讲掀起了一场多达两万五千人参与的有关艺术、设计、城市建造的讨论。这次活动在很多方面重新点燃了人们对这座城市的城市与建筑设计的兴趣，我们不想失去这股热情。因此，我们持续投入精力以保持这种势头，这对于一个相对较小的团队来讲可能会异常困难，因为纵使每个人都努力工作，展览的时间安排还是非常紧凑。

举办这个展览有点像做"血巷"项目，未来充满未知数。因为从未举行过此类展览，所以我们不确定到底会得到多少人的青睐？500 人，还是 5000 人？而结果却是，有人竟会从瑞典远道而来观看此次展览。这表明人们对城市设计兴趣盎然，而且他们渴望参与、共同讨论，了解并表达自己对城市的情感与看法。他们如此积极，如此充满好奇，确实令人意想不到。大约 99% 的人对此展览反响强烈，这是非常惊人的。因为我们这次还是比较冒险的，我们发起了一个可能会使 25% 的人表现出消极、怀疑或者反对的颇具争议的话题。令我没有想到的是，有一个话题脱颖而出，那就是："我们如何在温哥华创造更多像这样的更有趣的空间？"注意我在此用的不是建筑而是空间。这真的是让我受益匪浅，因为之后有人也加入了这个讨论，演讲嘉宾也拿出时间与大家分享相关经验，每个人所说的话都很有令人信服。每场演说我们都有记录在案。

于我而言，这些展览的有趣之处还在于，它们有点像写书。每天结束之时，我的关注焦点不再是读者，而是自身。这对我以及整个团队来说是一个整理思路和学习的好机会。我和观众一样也受益良多，但是每当我出席各种活动时，总有人会上前感谢我，这让我的工作更有意义。

说到底，为什么这些展览如此重要？答案就是，我们正在努力为自己创造可以让我们发挥创造力的空间。我们有很多项目规模都很庞大，需要公众的高度认可，所以我们需要多考虑公众需求，并相应调整战略目标，以便使他们能够更清晰地了解我们的目标和价值观，这样我们也会有更大的发挥空间。

完美艺术系列沙龙
2014 年 4 月 8 日～ 6 月 2 日

　　这是温哥华有史以来第一次举办的系列讲座，主要围绕伟大的设计、艺术和建筑如何塑造城市展开讨论。讲座取得了巨大的成功，来自世界各地的 17000 人参加了"完美艺术"展览。

Gwerk 发言人

特雷弗 · 博迪（Trevor Boddy）
（"完美艺术"策展人 / 建筑评论家）

瑞德 · 希尔（Reid Shier）
（公共艺术顾问 / 普雷森豪斯美术馆主管）
2014 年 5 月 6 日
"随着时代的变迁，公共艺术的内涵会日趋丰富"

安迪 · 严（Andy Yan）
（人口统计学家 / 温哥华谭秉荣建筑事务所规划师）
2014 年 5 月 11 日
"温哥华的探索：城市建设中需要考虑的新趋势"

琳达 · 斐瑟（Linda Fraser）
（加拿大卡尔加里大学建筑档案馆馆长）
2014 年 6 月 1 日
"埃里克森 – 梅西建筑时期和由加拿大建筑档
案馆提供的效果图"

郑景明（James K. M. Cheng）
（2013 年加拿大获奖建筑师 + 城市建设者）
2014 年 6 月 1 日
"你必须深入研究才能参透建筑的精神"

莱斯莉 · 凡 · 迪泽（Leslie Van Duzer）
（建筑学教授 / 不列颠哥伦比亚大学建筑与景观
建筑学院院长兼建筑学教授）
2014 年 4 月 8 日
"超越整体艺术：解构与重塑建筑的运动"

迈克尔·哈考特（Mike Harcourt）

（城市规划专家 / 前不列颠哥伦比亚省总理）

2016 年 5 月 13 日

"我们还在路上"

布鲁斯·海尔顿（Bruce Haden）

（对话建筑事务所合伙人）

2014 年 5 月 20 日

"城市建设与创造'坚韧'"

杰夫·德克森（Jeff Derksen）

（诗人 / 都市评论家，西蒙弗雷泽大学）

2016 年 5 月 31 日

"我们是否必须爱我们所在的城市，它们需要回馈我们的爱吗？"

拉里·比斯利（Larry Beasley）

（不列颠哥伦比亚大学"杰出实践"规划学教授 / 比斯利协会创始主席 / 国际规划与城市设计师 / 温哥华城市规划联合总工）

2014 年 4 月 15 日

"为什么伟大的建筑和设计应该成为标杆？我留在温哥华，是因为我看到了一个有灵魂的城市"

克里斯·菲利普斯（Chris Phillips）

（Phillips Farevaag Smallenberg 建筑景观设计事务所，现 PFS 工作室创始合伙人）

2014 年 4 月 22 日

"公共领域的未来在于改造现存的城市空间"

斯高特·海恩（Scot Hein）

（温哥华城市设计工作室首席建筑师）

2014 年 4 月 29 日

"温哥华需要释放压力"

整体艺术项目：马卡姆屋和马维殊村
(Markham House & Mirvish Village)

由于温哥华的整体艺术展览的成功，我们决定在多伦多举办一个类似的展览。我们选择在多伦多重新开发的马维殊村举办这次整体艺术展，这无疑是最令人激动的项目之一。为了举办这次展览，我们在多伦多借用了历史保留建筑马卡姆屋，将其改造成一个可容纳上千人的展馆。在这里公众可以就城市建设以及其对社区的意义与我们充分交流。最终，这里变成了一个展示社区和整个多伦多创造力的场所。

马卡姆屋从前是安妮·马维殊（Anne Mirvish）的艺术工作室，坐落在马卡姆大街610号。在马维殊村商业改善区的秋季路边大促销当天入驻马维殊村。该房屋随后成为城市建设实验室和社区中心，旨在融入马维殊村社区之中，和居民一道畅想未来。在这里，民众可以更深入地了解马维殊村的重建计划，向项目团队提出疑问并提供反馈。开幕当天的亮点众多：有艺术和视频装置，移动摊位、小型零售窗口，食品摊位，还有布罗尔奥辛顿（Bloor Ossington）民俗节的现场演奏。通过这些旋转装置，工作室还有各种活动，马卡姆屋随即成功发觉马维殊村活力和多样性的场所。已经结束的展览有：安妮·马维殊的"她工作室的艺术家"，派克民众（Parks People）的"连接和波长：#ICYMI"。

从2015年9月到2016年9月，马卡姆屋共接待了30000余人。这次展览与温哥华的整体艺术展有所差异，但也异常相似，因为无论是霍德商城重建项目还是温哥华一号公馆，抑或是马维殊村的再开发，都是对周边社区的改造。这是我们正在开发的加拿大最受欢迎的房地产项目之一，一块位于多伦多拥有30多幢建筑的土地，同时拥有一个公共市场和大量历史保护建筑。这次展览标志着多年来我们迈出了社区咨询的第一步，最终，它会帮助我们设计出多伦多近代史上最有意义的改造，对此我深信不疑。

马卡姆屋隆重开业
2015 年 9 月 19 日

坐落在马卡姆大街 610 号的马卡姆屋正式对外开放的日子，与马维殊村的秋季路边大促销是同一天。这栋房子被定位为城市建设实验室和社区中心，这栋建筑融入社区之中，和居民一道畅想未来。在马卡姆屋，民众可以更深入地了解马维殊村再开发项目，向开发团队提出疑问，也为他们提供反馈。开放当天，屋内以艺术和视频装置为主要展现形式，移动摊位、小商小贩围满了场地；有卖食品的，还有布罗尔奥辛顿民俗的现场演奏。适合家庭的活动包括面部彩绘，自行车试乘以及用巨型乐高积木搭建城市建筑。活动上提供免费自行车代客泊车服务，多达 300 人莅临了这次盛大的开幕式，来庆祝马卡姆屋的落成。

建筑师分享沙龙
安藤忠雄，2009 年

　　西岸集团的建筑师系列讲座是从 2009 年开始的，当时我们请到了著名的安藤忠雄来到温哥华，希望在温哥华和温哥华的城市设计界引发一场围绕城市建设的对话。在宾客满座的陈氏艺术中心，安藤忠雄谈到了建筑精神和工作中真实性的重要性。从那时起，我们便开始探索城市规划的相关问题，并设想温哥华乃至整个世界各地建筑的未来。到目前为止，我们已经邀请了安藤忠雄、比雅克·英格尔斯、隈研吾，还有谭秉荣建筑事务所的迈克尔·希尼来发表演讲，我们计划随着公司项目的不断发展，将会策划更多的谈话讲座。

比雅克·英格尔斯
"少即是多"，2012 年

　　"少即是多"，是比雅克·英格尔斯在温哥华的第一场建筑师谈话讲座主题，致力于围绕提升温哥华建筑环境设计的需求进行对话。在演讲中，他提到温哥华作为全球最有活力的城市之一，已经有很多优良城市环境所具备的优势，但是想要在未来继续拥有高品质的建筑设计还有很长的路要走。那天晚上参与讨论的有这位明星建筑师还有许多温哥华卓越的建筑师、设计师、艺术家以及其他城市建设者，大家都在为提升温哥华未来的城市建设水准出谋划策。斯蒂芬·J·图谱教授（Prof·Stephen J Toope，不列颠哥伦比亚大学主席兼副校长）首先发言，然后是莱斯莉·凡·迪泽（Stephen J Toope），不列颠哥伦比亚大学建筑与景观建筑系主任。与比雅克进行讨论的是迈克尔·格林（Michael Green，Michael Green 建筑事务所负责人）。

THE CULTURE

比雅克·英格尔斯
"建筑如何营造社区"，2016 年

以色列裔加拿大建筑师摩西·萨夫迪设计的 1967 年世博会加拿大馆：67 号栖息地住宅楼为整个世界提出了一个解决人口密集城市高质量住宅问题的实验性方案。萨夫迪的开创性设计不仅是当时的革命性产品，还持续影响了之后数十年的建筑设计。

在多伦多的柯纳大厅，众多知名城市学家热烈欢迎比雅克·英格尔斯就"建筑如何营造社区"进行演讲。这次讨论的重点是建筑在创建联系和促进社会交往方面的潜力。英格尔斯从世界各地抽取了一系列作品来展示 BIG 的建筑作品，

并介绍了"享乐主义可持续性"和"垂直郊区"的概念。他还提出了一些有趣的悖论以及矛盾论，且提出了自己的建筑解决方案，其中包括集成建筑类型学、市郊居家，还有生态化办公楼。

同比雅克一起讨论的还有卡梅伦·贝利（Cameron Bailey，多伦多国际电影节艺术总监），谢尔登·利维（Sheldon Levy，瑞尔森大学 / 安大略省政府），理查德·M·萨默（Richard M. Sommer，多伦多大学），扎赫拉·易卜拉欣（Zahra Ebrahim，建筑师）以及主持人丹尼丝·唐隆（Denise Donlon）。

隈研吾
"以小见大"，2016 年

2016 年 4 月 12 日晚上，温哥华市民、建筑师、规划师、城市建设者、艺术家，还有学生聚集在不列颠哥伦比亚大学陈氏艺术中心，聆听隈研吾的"以小见大"讲座。

隈研吾带领听众踏上他"以小见大"的历程。首先从他早期小型建筑项目说起，再谈到他在北美设计的第一栋住宅大楼：阿铂尼。作为建筑师，隈研吾根据建筑的所在城市而设计建筑物。他的设计重视当地特色，并细致讲述了阿铂尼住宅楼与温哥华环境的交相辉映之处，包括水系和气候。随着他的建筑实践和影响力在全球范围内增强，其工作规模也随之扩大，但是细致的层次感和与建筑所在地的关联性并没有减弱。现代与传统建筑的融合在那晚开启了一场振奋人心的对话。

同隈研吾一起讨论的有谭秉荣、郑景明、迈克尔·格林、乔治·瓦格纳副教授（George Wagner，不列颠哥伦比亚大学建筑与景观建筑系副教授兼建筑师），还有主持人莱斯莉·凡·迪泽教授。

迈克尔·希尼
"谭秉荣建筑事务所以及我们城市的未来"，2016 年

2016 年 12 月 6 日，我们邀请了谭秉荣建筑事务所负责人迈克尔·希尼在温哥华里奥剧院为我们作有关"谭秉荣建筑事务所以及我们城市的未来"的演讲。那一晚的演讲主要围绕已故的谭秉荣本人，他的工作以及他作为温哥华和海外城市建设者这一身份展开讨论。听众从谭秉荣的社会责任感以及其对建筑能力的信念中汲取灵感，集中讨论了如何通过周全的创新设计解决当下温哥华城市规划的一些问题。开场首先是由谭

秉荣建筑事务所建筑师海伦·里茨以朋友和同事的身份介绍谭秉荣，然后介绍了希尼在事务所的主要工作成果。当晚的讨论还涉及了谭秉荣作为城市建设者的身份，他对温哥华的愿景以及他对最后一个项目，百老汇商业区的看法。作为一个建筑师，谭秉荣将毕生心血都奉献给了自己所建的社区。他会在街区里漫步几个小时，只是为了进一步观察马路和人行道，因为这里是人群聚集地，人们的社交活动会影响他的设计。在百

老汇商业区设计中，这一点引导他迈出了设计上的重要一步，他想在空间缺口处开辟一片广场来弥合南北两面的鸿沟。

参与讨论的还有研讨专家，建筑师布鲁斯·黑登（Bruce Haden），《快乐城市》作者查尔斯·蒙哥马利（Charles Montgomery），旧金山湾区租客联合会的索尼娅·特劳斯（Sonja Trauss）以及主持人莱斯莉·凡·迪泽。

未分层的日本 Japan Unlayered

2017 年 1 月到 2 月，我们名为"未分层的日本"的展览在费尔蒙特环太平洋酒店的一楼和二楼举行。这次展览是向隈研吾的作品再一次致敬，同时以更广阔的视野来看待日本的众多传统以及创新举措。

展览背后的想法是：如果把一百个建筑师叫到一起，询问他们最喜爱的建筑师或建筑，那么会有一大批人选择日本设计。所以通过这次展览，我们想了解为什么日本一个小小的岛国会在设计以及建筑上创造如此多的价值。他们的文化又是什么？

"未分层的日本"的概念类似于"整体艺术"的概念，但却又是一种独特的日本哲学：分层的设计理念和在建筑上的表现。我们希望通过我们与隈研吾在加拿大和日本的合作能进一步推动西岸集团未来的发展，让日本设计理念最终在某种程度上融入温哥华这座年轻城市的美学和文化中。我们希望参观这次展览的观众都能亲身体验这种难以置信的丰富文化，并且了解它如何提升温哥华的文化内涵，这一点对于后人来讲至关重要。

西岸集团参与文化实践已有很长一段时间，这次展览也是通过向观众展示世界新奇有趣的一面来介绍我们这一转变。

展览细节

展览是由西岸集团和隈研吾联合主办的，由两部分组成，第一部分展示隈研吾的主要作品；第二部分则是介绍我们两个公司合作的最新项目：隈研吾设计的阿铂尼公寓楼。这次展览传达了隈研吾的美学、设计哲学以及阿铂尼公寓每一个生动细节背后的精神所在。此次展览也加入了日本传统和现代时装、日本当代艺术品、日本动漫电影以及真人电影，还有隈研吾设计的漂浮茶室、无印良品和碧慕丝（Beams）日本快闪店。

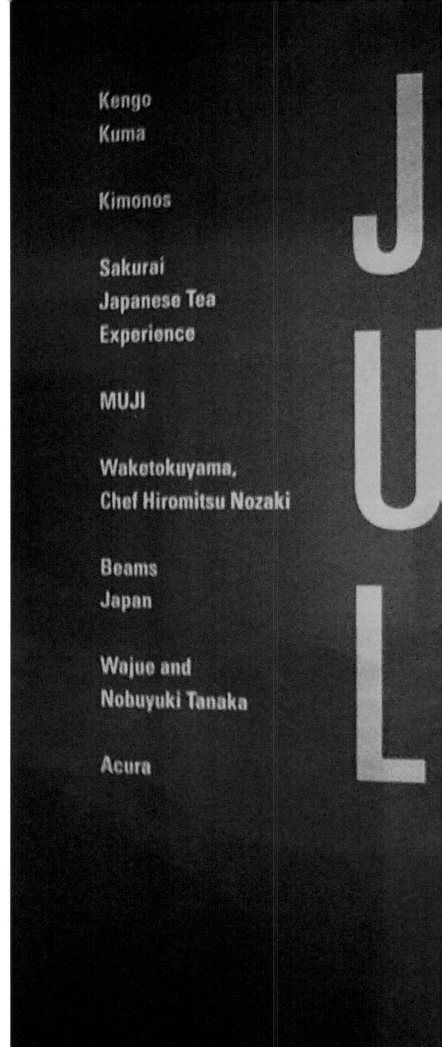

Kengo
Kuma

Kimonos

Sakurai
Japanese Tea
Experience

MUJI

Waketokuyama,
Chef Hiromitsu Nozaki

Beams
Japan

Wajue and
Nobuyuki Tanaka

Acura

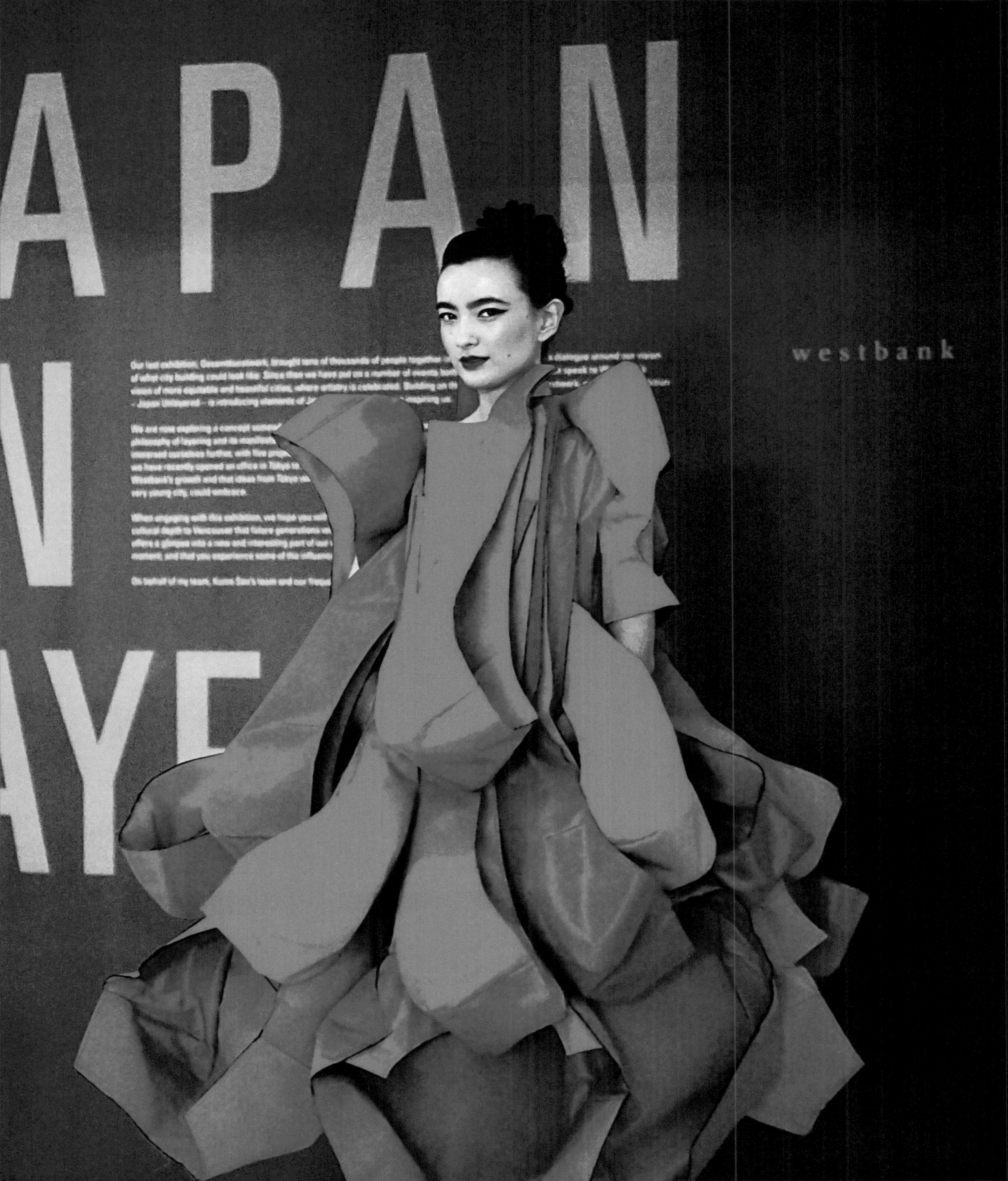
APAN
westbank

无印良品

日本的无印良品被翻译为"无品牌的优质商品"。出于对世人热衷和沉溺于名牌消费，以及对既廉价又劣质的商品的抵制，这家日本零售商以提供所有人们可以想象到的家用产品，小到一支笔大到一栋房子，而闻名遐迩。无印良品的第一家加拿大快闪店于 2017 年 1 月 27 日～ 2 月 28 日在费尔蒙特环太平洋酒店举行的"未分层的日本"展览期间开业。

无印良品设计讲座
2017 年 2 月 16 日

在讲座上：无印良品的掌门人金井政明，同时也是株式会社良品计划的社长兼代表董事，发表了题为"消费主义的对立面，寻求更好的生活"的演讲。株式会社良品计划（即无印良品的制造和零售商）是一个居家日用品和消费品品牌，设计崇尚极简主义风格，专注产品回收利用，杜绝生产和包装浪费，还坚持不印商标。"MUJI"在日文中的意思是：没有商标的优质产品。日本零销

商摒弃品牌迷信和消费主义，拒绝廉价劣质产品，他们因能提供小到钢笔，大到房子的各种消费者能想象到的家居产品而闻名世界。无印良品的第一家加拿大品牌快闪店于 2017 年 1 月 27 日到 2 月 28 日在费尔蒙特环太平洋酒店举办"未分层的日本"展览期间开张。我们和无印良品有很多相同的价值观，希望日后能与他们展开多方面合作，建立长久伙伴关系，包括入驻我们的项目。

层次化
设计出版物而非普通楼书

我们阿铂尼项目的楼书，是第一本说明为什么西岸集团不再印刷那种传统的宣传小册子。因为我们决定将精力集中在更具价值、更持久的事情上。《层次化》（*Layering*）这本书共 200 页，木质封面，存放在木制盒里。该书简述了隈研吾对日本层次化哲学的解读，并解释了他如何在作品中实践这个理念。本书从层次化理论开始，内容包括十二层和服背后的原则和传统，并逐渐揭示这些原则如何在建筑上体现。因为日本的层次化哲学涉及空间、材料和光的概念，所以这本书也介绍了隈研吾设计的阿铂尼公寓楼是如何实践这些理念的。

有些人虽然不会购买我们的项目，但对这本书却颇感兴趣，所以我们最后也成功出售了部分书籍，这可能让我们成为第一家出售宣传册的开发商。与我们所有不同规模的项目一样，这本书从某种程度上也传达了我们对艺术的不懈追求，在未来的工作里我们仍会继续坚守这一追求。

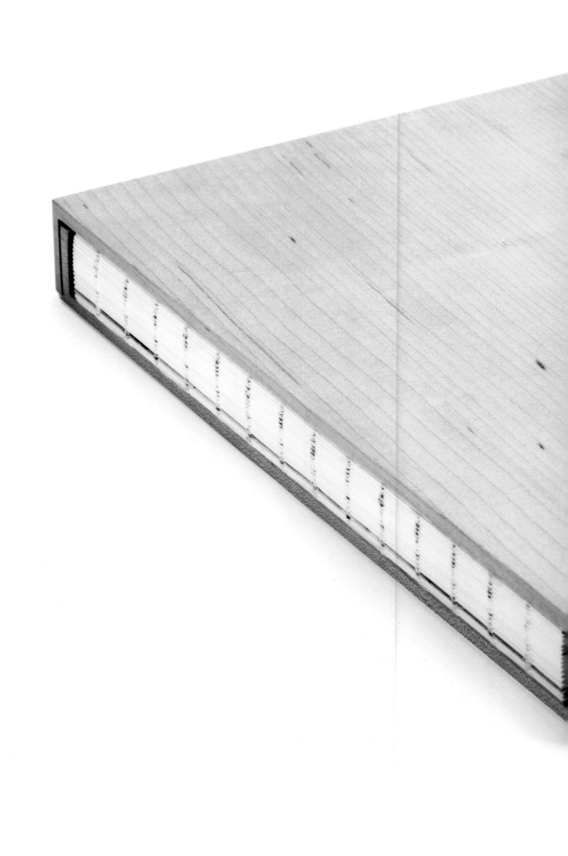

layering

Kengo
Kuma

隈研吾

萧氏大厦的星巴克，2015 年
加拿大，温哥华
隈研吾建筑都市设计事务所

　　萧氏大厦楼下的星巴克总是让我很失望，它的失败设计真是浪费了它所处的绝佳地理位置。我在一次东京之行，看到了太宰府的星巴克，它无疑是世界上设计得最为精妙的星巴克，所以我忖度着隈研吾是否能为温哥华的萧氏大厦大厅设计点什么。我的合伙人立刻抓住了这个机会，星巴克创始人霍华德·舒尔茨对此事非常热衷，因为就他本人就是隈研吾的忠实拥趸。此书印刷之时，我们正处于设计新星巴克的最后阶段，并且很快就会开始施工。希望竣工之时，它能成为我们建设瑟洛街到布拉德街区中一个特色亮点。萧氏大厦星巴克的设计目的是想通过测试碳纤维的极限来营造短暂的会客室气氛围。空间内有一个直径 10 米的桌子悬挂在三层中庭顶棚上的碳纤维杆上。我们从蚕茧的亲密感和云的轻量感中获得灵感，让线缆重叠形成一个软质的围合界面，圈出一个公共咖啡空间。桌子本身也是碳纤维制成的，这次采用的是加强板材，厚度为 5 毫米，长度为 15 米。外部的电缆呈弧形，塑造出一个柔和的、流动的围合空间。碳纤维非常轻，延展性极高，能够让人在时尚与建筑的完美结合之中体验到美的力量。

Anthony DeCarli   Jonah Letovsky   Felicia Morrison

Daniel Lewandowski

Neil Asgarali   Tej Singh

Kristen Duern

Matthew Wilkins   Debbie Liao

Jennifer Kehoe

Kashif Khan

Jennifer Law   Dickkee Kwong

Garth Gloag

Mitchell Jarvis   Terry Petersen   Edgar Dimabuyu
Paul Chambers   Rebecca Towning
Matthew George   Hutch   Eric Fan

Deron Stanbrook

Ling Yang

A Roof Over
Your Head
有瓦遮头

霍德商城
科尔多瓦街 60 号
劳伦公寓
188 禄
科尔多瓦 23 号
世界住房

我相信，当十年之后再回顾和追溯我们提出的叙利亚难民倡议，会觉得这是我们事业中的一个重要节点。于我而言，该倡议不只是简单地为来到温哥华的近 10% 的叙利亚家庭提供临时住房，更重要的是在全国都产生了积极影响。毕竟，这些关于价值观的对话可能是西岸集团产生积极影响力的最有意义的方式之一。

这是一个交流价值观的良机，毫无疑问它将弥合人们不同的意见，凝聚人心。我认为，交流的核心凸显了一个信念，也是所有西岸集团人心中根深蒂固的信念，那就是我们都有责任超越地缘界限，为社会正义贡献力量。我们聚集在这里的大多数人都是进步人士，但我认为霍德商城的重建项目对我们的团队而言，是一件振聋发聩的大事、要事。霍德商城的重建使我们有机会去治愈这个城市的伤痕，同时改变我们进行建筑设计的旧有思考方式。加拿大是一个富裕的国家，温哥华更是一个富人聚居的城市，但是这里依然存在着一系列的住房问题，有成千上万的人仍旧无家可归，还有更多的人蜗居在简陋逼仄的住房里。数十年来，政府高层对城市居民心理健康和经济适用房的资金投入一直捉襟见肘，加上低福利率以及对原住民的照顾缺失，造成了一系列的社会问题。除此之外，温哥华的税收收入来源很少，人们对公共服务的需求也不成比例，直到最近，特鲁多政府上台，政府才意识到对大城市的资金投入一直存在不足，其原因在于我们城市地区的选民们大多思想比较进步，才最终促使政府意识到了这些存在的问题。

要想实现长期有效地解决住房危机问题，仍需要很多政策层面的大力支持。这些政策可能需要政府上下各级，还有私营部门多年的通力协作。不过，还有一个比较简单的解决办法，那就是向社会弱势群体发放更多的住房补助。我们最终可能会和新加坡一样，由政府向公众提供大量经济适用房。

值得一提的是，西岸集团不仅是温哥华较大的经济适用房供应商之一，而且我们在这一领域的领先将使得我们把事业拓展到温哥华以外的城市。"经济适用房"一词隐含着很多政策内涵，不同背景下也会有对之不同的诠释。西岸集团的项目中，既有经济适用房，比如已经竣工的科尔多瓦街 60 号，也有柬埔寨世界住房项目这样的公益项目。

很多研究表明，当人们能够安居一方，方能乐业一世，真正国泰民安。2001 年，不列颠哥伦比亚省社会发展统计局发布了一项全面数据调查，该调查的结果显示：缺乏安全感和居无定所之人更有可能出现身体健康问题和遭受社会负面影响并最终走向犯罪的道路。世界其他国家的诸多研究也显示了类似结果，即居民的患病率和犯罪率的上升将会极大地影响整个社区。所有这些结果都表明，为居民提供经济适用房不仅必不可少，而且这些房屋必须是高质量的、安全的，与周边康乐设施毗邻，并且与社区紧密相融合的房屋。从霍德商城和科尔多瓦街 60 号开始，我们已成功地将经济适用房整合到康乐设施齐全且位置优越的项目中，并尽力使经济适用房和我们在其他商业住房项目的建筑一样，具备高品质和创意性。

弱势群体持续住房紧缺使得温哥华的经济适用房危机不断凸显出来，随后，这一问题也开始在多伦多初见端倪。

根据 2017 年国际统计署的房价承受力调查，把人均收入计算在内，温哥华的房价高居全球第三。这个问题非常严重，因为高房价会驱离青年人才，特别是来自温哥华蓬勃发展的科技领域，还有艺术、创意和服务部门的人才。多伦多在这方面相对较好，因为其房价比温哥华低得多，而且居民收入水平较高，但是从去年开始，多伦多的房价也已经上涨了 30%。

这两座城市某种程度上都是自身发展的受害者。两座城市都具有吸引力，吸纳了大量的新移民、投资者和外省移民。但结果却是，在可预见的未来，温哥华、多伦多和西雅图等拥有强大地方经济的城市将被迫聚集力量去增加更多的经济适用房。

事实证明，我们有能力扩大经济适用房的供应量和类型，也能提供像科尔多瓦街 60 号和美因 5 号经济适用房的功能特性。在撰写本作之时，我们已经在温哥华、多伦多、卡尔加里和西雅图开启了总计超过 6500 套的租赁房开发项目，其中有近 1000 套房屋的租金相当实惠。我们在西雅图的前两个项目加入了当地的多户免税计划，接纳了至少 20% 低收入、付租金有困难的家庭（大约有 500 户）。我们在多伦多的马维殊村项目中，与多伦多市政府、安大略省政府还有加拿大按揭房屋公司合作，建造了 840 户租赁房屋，我们共同的目标就是让这个项目的经济适用房占到 15%。在温哥华，我们的橡树岭中心、"蝴蝶"、彭德雷尔街还有其他所有带租赁房屋的项目，都怀揣同一个目标，那就是：向市场推出 2000 套租赁房。

然而我们无法孤军奋战。正如政府需要可靠的私营部门合作者一样，我们同样需要一些训练有素、有恒心毅力，并且勇敢无畏的公共部门的协助。本书出版在即，我们所提出的建造温哥华史上规模最大的经济适用房的提议被市政府否决了。这对城市来说是巨大的损失，同时也是对省级和联邦资源的极度浪费。这些资源原本可以对温哥华的住房短缺起到很大的作用。重要的是，这是我们设想中的温哥华一号公馆二期。我们的提议凝结了我们工作实践的核心原则，这些原则原本可以为温哥华提供 1152 套经济适用房。

无论哪一个项目，从概念到建筑的落成并不总是一帆风顺的，但这就是我们所需要承担的风险。我们将会从错误中吸取教训。同时我们将继续寻找创造性的解决方案，以解决温哥华、多伦多和西雅图面临的最大挑战之一。

不幸的是，温哥华和多伦多关于住房的大部分争论都围绕采取不同的政策来抑制需求从而控制房价。这些政策多种多样。不列颠哥伦比亚省在最昂贵交易市场中选择增收 20% 的极端惩罚性海外买家税，这一政策迅速但也暂时性地使温哥华的整个房地产市场冷却下来。虽然这是政治上的权宜之计，但长期后果可能会在某种程度降低住房需求，并以牺牲城市综合形象为代价。温哥华一直以来都被认为是加拿大可以进行安全、可靠、公平商业活动的一个城市，这样猛然增税不仅伤害到了现有房屋的业主，而且对于大温哥华地区的住房长期负担能力则影响不大。

这条思路存在很多严重的缺陷。首先，在温哥华和多伦多，"外国"这个词已经深深嵌入所有这些提案之中。毫无疑问，我认为这存在种族主义歧视，或者至少有排外倾向。虽然这点难以证明，但在众多有关民族主义和限制移民的讨论中，偏见确实存在。

其次，正如已故建筑师亚瑟·埃里克森所形容的那样，所有这些政策都无异于用手指去堵消防水管。全世界有越来越多的人涌进温哥华和多伦多，试图对他们强加阻拦最终只会冒犯移民者，扭曲自由市场，损害我们的国家，不偏不倚、热情好客的形象，影响我们制定有效政策。

在不列颠哥伦比亚的税收方案备受争议之时，安大略省就有一些闭目塞听的人们高声呼喊，让房东驱赶租户，对抗记者。事实上，多伦多地区大多的房屋价值这几年已经暴涨，这其中有很多原因，比如极低的利率、就业增长、移民、住房供给紧张，以及一个寻求安全回报的资金富裕的世界。

与温哥华一样，多伦多的问题在于辩论的重点也围绕压制住房需求。其实在撰写本文时，安大略省自由党为了 2018 年春季竞选已经宣布他们要采取比不列颠哥伦比亚更加激进的政策，包括扩大租金管制等措施，这将减少未来租赁住房的供应量，他们就是以牺牲未来下一代住房为代价去迎合现有租房者的短期利益。

　　毫无疑问，这些是政府可以采取的最短视的政策了。从长远来看，这些措施不会有什么效果，因为他们不会增加住房供应量，而每年有大约10万人移民多伦多，需求只会不断增加。事实上，由于这些措施将迫使一些投资者退出市场，减少房屋供应量，因为迄今为止填补租赁房需求的都是那些求稳固收益，低回报率的小开发商。

　　新政的支持者称，租赁房价上涨只比通胀率高一点点，而独立屋和公寓的房价上涨幅度更大，这就证明房地产投机泡沫的存在。这种理论有一些道理，虽然并没有研究能证实。还有一种可能就是投资商降低了他们的预期回报率，因为现在长期利率处于历史最低点。也许我们更应该考虑制定零利率政策而不是采取一些措施，只为了迎合选票，减少供应，暂时性地压制需求是无法解决根本问题的。我们需要制定政策加快项目审批的速度，增加市区的居住密度，放出位置优越、交通便利的地块，以大幅度增加房屋供给。

　　说到房屋供给，就不得不提每天起床看到新闻头条都是有关住房负担能力，或者是有人利用那些尚未进入房地产市场的人的恐惧为自己谋利，又或是前一晚因绞尽脑汁想让项目通过审批流程而彻夜未眠，这着实让人颇为沮丧。

　　在温哥华，审批程序还要更长，整个流程经常会花五六年的时间。我们甚至有些项目审批超过十年。如果这个过程是为了在城市规划或建筑设计方面取得更好的结果也无可厚非，但事实恰恰相反。现在的审批流程压抑了我们的创造性，顶多能有中等偏上的建筑水准，造成了沉闷的建筑环境。这些延误还大大增加了住房成本，额外带来了数百万的咨询费用。在一些重要项目上，因为开发商的资金被套牢，数千万费用还会花费在储存成本上。这样的拖延早在地产市场供求关系扭曲之前就迫使房价提升。

　　我并不是提倡我们毫无限制、不加规划地迎合市场需求，这个产业需要严格的规范和优秀的设计，但是现在这些流程都有很大问题。而修复需要时间且政策层面上也会有阻碍。糟糕的是，市民对市政投票并不关心，年轻人更是如此，他们大多都没有意识到自己才是住房供给扩大后最大的受益者，也没觉得住房与自己的参政参与有任何联系。

　　全面而深思熟虑的长期住房政策对我们经济的成功至关重要。加拿大未来的生产力发展和经济增长需要我们在关键的事务上作出正确决策。首先，在温哥华和多伦多，我们需要认识到阻碍公司发展和扩大的一个重大障碍就是交通便利地区的高房价。相比于西雅图这个明显的例证，温哥华的房价几乎是它的两倍，而平均收入却相对少得多。现在我们急需齐心协力扩大住房市场供给，丰富户型。特别是在温哥华和多伦多，我们并没有提供足够数量的租赁房屋。这些对于住房承受力至关重要，需要创造出一个能对变化莫测的经济市场做出迅速反应的住宅环境。

　　一个城市的经济如果想要正常运作，必须充满活力，这就要求人们必须拥有在不同公司之间轻松调换工作的机会和权利。而在创意经济领域，从业者则需要比前几年更大的机动性。随着更多的老牌公司和处于创业初期的公司落户于那些新型的、经济充满吸引力的城市之中，他们也在这些城市里创造了更多的专业岗位，吸引着来自其他省份、国家和城市的技术员工的加盟。另外，在这些行业，员工的流动性是非常高的，因为这些技术员工拥有足以令他们轻松跳槽的技术能力。现总部位于西雅图的亚马逊普通职员在公司工作的时间平均只有一年多一点，是世界500强企业中人员变动率最高的。与此形成对比的是，波音公司上一代的员工为公司效力终生，则是一种企业常态。两相对比，你就会发现在短短几十年内世界发生了多大的变化。

在西雅图，有大约 17% 的劳动力分布在专业性强、科技含量高的服务业，但是据报告显示，有 30% 的外来人口有技术或科技知识背景。在温哥华和多伦多，技术型员工占到所有办公室职员的 15%，这个比例还在大幅增加。这种增长的活力可归因于多种因素，比如商业中心和市中心强大的创意产业，还有像亚马逊、谷歌、微软、汤森路透这样大公司的进驻，还包括其他扩展到这里的企业，但是最重要的，可能是这些城市本身的整体宜居性产生了吸引力。

由于地理位置和产业因素对员工的生活产生了越来越大的影响，而且他们不断投入科技和创意产业工作领域，城市之间、公司之间及其行业之间的流动性将会进一步成为重塑城市的决定性因素。

就温哥华和多伦多这两座城市而言，我们必须要加紧制定涉及所有三级政府和私营部门在内的政策，为每个城市增加数以万计的租赁房。然而，拖慢这一进程的是社区居民不同意增加社区的居住密度，而城市的领导阶层又意欲从出售房屋中获益。

这并不是说多伦多和温哥华没有出色且敬业的城市规划者，或是没有了解事态严重性的政治家。问题是，民主体制本身就难以避免混乱的进程，这势必使两座城市成为且继续成为自身成功的牺牲品。世所公认，温哥华和多伦多这两座城市都具备几乎所有全世界最宜居城市的属性特质。对加拿大住房需求产生实质性影响的，是我们不断变化的移民模式和政策。根据经济增长委员会顾问的建议，每年移民接纳量即将从 30 万增加到 45 万，加拿大近几年似乎还要继续大量增加移民接纳量。同样具有影响的是，政府委员会顾问对技术移民的关注，他们建议每年分出整整 15 万的名额给有教育背景和市场需求技能的技术移民。这项提议直接反映了加拿大社会正在变革的现状。随着加拿大人口日渐老龄化、劳动力流失和出生率下降等问题的不断涌现，这个国家迫切需要迎接世界各地的新移民来增加居民的多样性、注入

新视角、吸纳新才能，从而促进经济发展。加拿大是近代史上接收移民最多的国家，照这个趋势发展下去，到 2036 年，加拿大会有近一半人口是移民和二代移民。如果我们继续增加移民接纳量，可能会更早地到达这一节点。除此之外，移民大多数都倾向于温哥华和多伦多这样的加拿大主要城市，因为两座城市都有大量的创意经济产业，由此可以预见，温哥华和多伦多的城市规划师和政府在未来几年将面临多么巨大的挑战。

大幅增加住房供给量的任务既需要有创造力，也需要主动和民众展开深入的交流。现在我们不但要增加居住区的居住密度，还要让年轻人也参与增加城市住房活动的进程中。从政策角度看，西岸集团将继续在这一方面发挥更大的领导作用。我们对商业和住宅开发、经济适用房和住房市场的深入了解，以及我们在区域能源方面的知识，使我们有能力作出有意义的贡献。

还有一个人们不太问起的问题，即期望值。我不想重新讨论居住是否是基本人权（这种问题已经太落后了），我想说的是人们需要改变他们对住宅的期望，重新思考什么东西才是住宅不可或缺的。我小时候一家七口人挤在不到 800 平方英尺的房子里，只有一个厕所，晚上还要睡在一间屋里，但是我并没有什么心理阴影。现在的住房越来越紧凑，我们还在努力在同样大小的一片土地上让更多的人住得更好。

政策层面是我们意欲发挥更大影响力的领域。我们对商业、住房发展、经济适用房、市场住房和对地区经济的深谋远虑，为我们赢得了以独特的方式跻身政策领域的资格。在制定住房政策之时，居民们的期望是很少被考虑在内的，但我认为，参与住房政策的讨论是居民们的基本权利，他们有权对自己想要什么样的住房抱有期望。

我成长于一个七口之家，家中只有不到 800 平方英尺的面积，一个卫生间，所有家人都需共用卧室，但即使在这样狭小的空间里，我

依然心灵非常健康地长大成人，并没有因为住宅空间的狭小而留有心理阴影。随着当今人们的住房空间变得越来越紧凑，我们要寻求如何使人住得更好。不得不承认独栋房是一个特殊时代的产物了，因为当时在"二战"后，全球总共只有 20 亿人口，而现在有 70 亿，马上就要到 100 亿了。从全球人口爆炸的角度去讲，温哥华和多伦多绝非困于住房危机的唯一城市。正如人们所言："危机是一种可怕的浪费。"我们需要社会的各个部门，比如通信和医疗卫生，都去考虑自己该为建设自己城市的环境而做些什么。这是我们为了打造更多人们住得起的、健康而又充满活力的城市的唯一途径。仅仅意识到问题的严重性是远远不够的，我们需要各级政府充分意识到问题的紧迫性，去大量打造经济适用房，并大力改善经济适用房所在街区的交通状况。

考虑到这些必要性，西岸集团现在所要做的第一步就是要成立一个专门的团队专攻经济适用房。虽然我们一直以来都是设计综合性的项目，我想这一次成立一支专攻经济房的团队可能会更好地应对这项挑战。

在温哥华、多伦多和西雅图，我们都在试图证明，就算是经济适用房，就算是为弱势群体、餐馆打工者、基础服务人员、医院和学校工作人员打造的经济适用房，也可以是既经济实惠，又具备可持续发展性的美观房屋。抛去价格实惠不说，西岸集团所打造的经济适用房，总是能够脱颖而出，别具一格，既质量上乘，又美不胜收。

霍德商城，2016 年
加拿大，温哥华
恩里克斯合伙人建筑事务所

　　霍德商城旧址的重建是温哥华有史以来最重要的混合功能开发项目之一。经历了很多年项目的忽视、不确定以及再开发过程中多次的失败，最终西岸集团和培新集团一起联手得到了重建此项目的机会。项目场地覆盖了几乎整个城市街区，这块地曾经是这座城市的历史和社交中心。如今，这里包含了约100万平方英尺的市场化和非市场化的住宅、机构、零售商店、办公室，还有一些社区服务空间，其中包括了西蒙弗雷泽大学艺术中心（SFU Goldcorp Centre），以及斯坦·道格拉斯的公共艺术《艾博特 & 科尔多瓦》的新家。霍德商城百货公司的再次开发使街景得以重塑，并成为煤气镇和市中心东区经济，社会和物质重生的催化剂。这一项目的影响力之大，使得《温哥华日报》的编辑都将它形容为温哥华历史上最重要的五大事件之一。

科尔多瓦街 60 号，2012 年
加拿大，温哥华
恩里克斯合伙人建筑事务所

　　科尔多瓦街 60 号对于西岸集团来说来得正是时候，让我们能够继续为霍德商城周边地区作出积极贡献。我们和温哥华城市银行（Vancity）的合作从头至尾都非常融合，我们针对在煤气镇和市中心东部居住和工作的人设计了 96 套经济适用房。在波特兰酒店协会社区服务组织（PHS）和仁人家园（Habitat for Humanity）的帮助下，我们又增加了 12 间价格十分低廉的住宅，并为此采取了很多策略，比如限制停车位、增加居住密度，尽量不在营销上花钱，降低销售成本。我们还结合了城市银行新颖的一揽子金融方案，让这些经济适用房在这座房价高得出名的城市做到真正的低价。现在五年过去了，我认为极简主义美学很有效，而且非常适合这个地区。令人遗憾的是我们这为温哥华实现真正可负担住宅的理念并没有被延续下去。我当时真的认为我们尝试可以让其他人延续我们的道路，然而多年之后的今天，我们的住宅负担能力问题已演化成一场危机。

THE LAUREN
1051

劳伦公寓，2014 年
加拿大，温哥华
恩里克斯合伙人建筑事务所
"新租赁住房短期奖励措施"（STIR）

　　我们在 2009 年和培新集团合伙从圣约翰团结教堂买下了这块地，我们想在城市 STIR 计划中将它再次划分，该计划包括加快批准程序以鼓励专用租赁住房。虽然计划的进度落后于预期，但是这种延期使得我们的租赁房有了更高品质的设计，也在温哥华的租赁房市场上建立了更高的标准。更重要的是，我们的项目引发了人们对西区重新审视，这片区域近几十年都没有重要的新建筑。在传统的邻避主义驱使下，我们团队经历了一次小规模但是非常激烈甚至是粗野的反对。加里·普尼的团队在公众咨询中充当了勇者，承担首要压力。现在三年过去了，正如我们所预期的那样，这栋建筑很好地融入了周边地区，如同它一直都属于那里。我想这个项目之所以能够和周边环境结合得那么好，离不开格雷戈里和我们的团队在公共空间上所作的努力，当然还有艺术家莉丝·特里斯完美的公共艺术品——《技术官员的胜利》。

188 禄，2016 年
加拿大，温哥华
韦恩·梁建筑事务所

　　188 禄是我们和泛亚集团合作开发的项目。场地位于温哥华唐人街最重要的一个街角，也是温哥华常常被人忽视的地域中关键一处。我们希望它会是温哥华最具活力和文化丰富的街区重生的开始。但遗憾的是，这一进程被一栋和周边文脉完全不相关联的建筑和一座新的普通建筑毁坏了，我们的这个小型项目无法像建筑师韦恩·梁（Wing Leung）和我预期的那样宽敞。该项目为中侨基金会提供了 22 套经济适用房，还有一件由艺术家罗恩·泰拉达（Ron Terada）创作的名为《看不见的》精美而沉静的公共艺术品。

科尔多瓦 23 号，2019 年
加拿大，温哥华
恩里克斯合伙人建筑事务所

作为霍德商城重建项目的后续计划，科尔多瓦 23 号可能仍然是我们最重要的项目之一。为了确保这片美丽社区中最重要的地点可以得到妥善设计，科尔多瓦 23 号应运而生。我们和不列颠哥伦比亚住房援助机构合作，建造了 80 间非市场化的住宅和 63 间市场化租赁住宅单元。这片场地离霍德商城仅有半个街区，与科尔多瓦西街 60 号项目隔街相望。科尔多瓦 23 号之所以非常重要是因为它还是连接血巷的通道。血巷是一个独特的公共空间，对整个项目的提升有重要的作用。如果不是住房援助机构的迈克尔·弗拉尼根一直在鼓励我们，这块地可能早就被我们抵押给银行了。事实证明，这个项目落地的阻碍很多。然而，就像在霍德商城项目中一样迈克尔又给了我们很多帮助，我们最终克服了重重困难，马上就可以动工了。

世界住房

西岸集团和世界住房在柬埔寨总共建造了 375 套新住房，每一套售出的单元都对应将在柬埔寨造一新屋。25 名西岸集团团队成员于 2014 年 11 月动身前往柬埔寨，帮助那里的居民们入住到这些新屋中。

世界住房活动
2014 年 5 月 22 日

　　在西岸集团和世界住房公司宣布合作后举行的一项活动中，西岸集团和世界住房机构承诺，温哥华一号公馆每售出一套住宅，他们就会为柬埔寨的一个家庭建造一套住房。该活动在温哥华一号公馆展示中心举行，世界住房成员在现场代表了伊恩·格莱斯宾和西岸集团分别赠送了一套住房给柬埔寨家庭。

叙利亚难民
2015 年 12 月

　　我们与加拿大哥伦比亚省移民服务协会（ISS）合作发起了一项为期六个月的合作，欢迎叙利亚难民来到温哥华，同时在他们等待长期居留住所期间为他们提供临时住房、食物和衣物。

Lucia Kwong   Theo Ong   Kimberley Wong

Andrew Klukas

Hweely Lim

Lauren Gillespie

Jay Arvind

Trevor Shumka

Trevor Collinge

Jason Zhang

Marvin Bains

Celia Wang

Chia Tang

Thomas Liao   Goven Garay   Frank Wang

Westbank Fashion
西岸时尚

朗万（Lanvin）

香奈儿（Chanel）

迪奥（Dior）

圣·罗兰（Yves Saint Laurent）

卡布奇（Capucci）

纪梵希（Givenchy）

范思哲（Versace）

麦昆（McQueen）

几年前，我对时尚的兴趣渐渐发展成了系列收藏，我希望在不久的来日，这些收藏在世人眼中，至少是丰富而有趣的。

对时尚的兴趣成了我第二常被问到的问题（第一经常被问到的问题是：你最喜欢的建筑是什么？）：是什么让你开始西岸的时装收藏？

经过深思熟虑，我想这个问题的答案应该是源于西岸集团始终坚持如一的对美的追求，答案就是如此直白。我对时尚的特别兴趣源于多年前我陪女儿劳伦为她的高中毕业舞会一起去找一件复古式亚历山大麦昆连衣裙的时候。我们都挺喜欢逛那家离纽约苏活区几步之遥的麦昆时装店。我想就是五年前逛的那次让我们俩开始觉得，高级时装定制的收藏也是一件有意思的事。2011 年我和劳伦参观了纽约大都会艺术博物馆，2015 年我们又在伦敦维多利亚和阿尔伯特博物馆观看了"野性之美"展览，自此之后，那些在我们脑海中曾经只是一闪而过的念头便开始生根发芽。

于我而言，如果不能把艺术公之于众，那么收藏的意义将失去大半，即使拥有满满一屋子的藏品，都不如将它们展示给公众，与公众分享来得更加令人快乐。就是在那一节点，我看到了时尚在建筑事业中的意义。尽管我投入了相当多的时间设计我们酒店的大堂，但香格里拉酒店大堂的设计和实施却从未让我真正满意过。2015 年，在我和劳伦乘飞机飞往多伦多的航班上，我们在《时尚》杂志上看到了有关那一年纽约大都会美术馆慈善舞会的介绍，主题是"窥见中国"。舞会上那些高级定制的裙装，在东方风格的墙纸背景下，给了我突然爆发的灵感，我开始勾勒香格里拉酒店大堂的设计，想象一下，如把我在"野性之美"上看到的那种礼服，优雅地陈设在香格里拉酒店的大堂。当我把酒店大堂当作是我自己的办公室和家一样去设计的时候，我倾向于把它设计成一个自己喜爱的空间，并且如果别人也喜欢它的话，足以说明这样的设计思路是成功的。故此，当我们重新开始设计香格里拉酒店大堂的时候，我们一致认为，在大堂里展示一些美丽的裙装，将会起到如上的作用，令我们的客人感到愉悦。

当我们 2016 年在多伦多香格里拉酒店的大堂推出第一批收藏的礼服时，公众的反响非常热烈，让我们颇为欣慰。从那一刻起，我就决定把时尚这个概念延伸到我们另外的两家酒店，以及我们的办公室的设计之中，也是从那时起，做一次时尚收藏就成了我一直念念不忘想要去完成的一个心愿。

如同我职业生涯中的众多事情一样，那些在你生命不同阶段因缘际会地出现并与你发生交集之人，往往会助力你脑海中一闪而过的念头或者兴趣最终变成现实。在我职业生涯之初期，我曾与建筑师郑景明先生一起合作，他是我在建筑事业上的良师益友，也是他让我有幸结识了安藤忠雄、隈研吾以及诸多业内德高望重的人物，他们对我的世界观和工作实践都产生至关重要的影响力。郑景明一直对我呵护备至，就像鲍勃·伦尼（Bob Rennie）和瑞德·希尔在艺术方面对我的帮助一样。现在，威廉·班克斯－布莱尼（William Banks-Blaney）也和他们一样，从时尚这个角度，为我打开了一片新世界的大门，帮助我寻找到一个全新的事业方向。凭借自己在艺术史和设计方面的强大背景以及对复古时尚的浓厚兴趣，威廉很早就意识到世界市场上的高端复古时装的优质货源和高端复古时装的设计都有很大的需求缺口。他于 2009 年在伦敦马里波恩区成立了威廉复古时装公司，专门提供全球最好的复古时装。自彼时起，他开始声名鹊起，以自己在复古时装方面精妙的设计，广博的知识和非凡的艺术创新性而享誉全球。

市场对 20 世纪复古时装设计需求量的增长极其迅速，那时代的复古衣销售量曾创下了世界纪录。威廉复古时装公司的发展思路并非对所谓潮流亦步亦趋地跟风，而是深入挖掘复古时装本身的历史价值、艺术性和精细的手工艺品质。威廉在对设计作品精挑细选之时，着重考量的是每件时装所代表的女性特质，以及服饰与当下的社会文化背景之间的联系。威廉的收藏系列无论是外形还是设计思路都很现代，他巧妙地避开了所谓"盛装打扮"的概念，全情致力于收藏优雅而无懈可击的高级定制时装。在 2015 年，威廉出版了自己撰写的第一本书:《25 套礼服:20 世纪时尚的标志性瞬间》(*25 dresses: Iconic Moments in 20th Century Fashion*)。

　　威廉热衷于发掘那些稀有的,有收藏价值的复古时装,就像我对那些具有高度创造性和艺术性的项目充满热情一样。自从威廉 8 年前开了第一家礼服店,他就成了世界复古时装设计顶级收藏专家之一。更重要的是,他和我们一样,相信美和丰富多彩的文化是现代生活中必不可少的一部分。这么多迫切的需求使我们都看到了一点,那就是现在的社会太轻易就忽视了文化在人类进步中所发挥的重要作用。西岸正转型成为一家文化企业,我们想要努力争取美,这对于像威廉这样的人来说就是与我们合作的良好前提,在与建筑师、设计师、艺术家的共同努力下共同探索我们新的兴趣领域。

　　我们收藏的重点会放在高级定制礼服以及 20 世纪和 21 世纪最伟大的设计师作品上。这是转型的活跃期,也是文化的变革时期,这个时间框架使我们关注收藏品的关联性和时代性。我们会集中收藏设计师的作品包括罗伯托·卡布奇(Roberto Capucci)、可可·香奈尔(Coco Chanel)、纪梵希(Givenchy)、珍尼·郎万(Jeanne Lanvin)、鲍勃·麦凯(Bob Mackie)、亚历山大·麦昆(Alexander McQueen)、保罗·普瓦雷(Paul Poiret)、伊夫·圣·罗兰(Yves St Laurent)、范思哲(Versace)、川久保玲(Comme Des Garcons)以及其他威廉和我觉得在时装演变中扮演重要角色的设计师。所有的设计师都有杰出的设计,在工艺方面讲究诚信,并且都为艺术作出了巨大的贡献,这是我们觉得值得庆幸的事。

　　按照我的预期,三年之内我们会收藏大约 200 件礼服。酒店每次只展示 10%,剩下的 90% 我打算建造一个木工房来存放和展示它们。理想化的情况是,这个工房最后会并入我们的一栋建筑里,在未来 10 ～ 15 年把它改造成一座画廊或是博物馆。在那里将陈列我们最好的 100 个建筑模型,还有六架我们最好的钢琴以及 100 件最好的时装和 100 件最好的艺术品,甚至它有可能成为我们办公室的所在地。它

也可能成为另一个向公众开放的地方。我想让大家一起来分享这个地方,但我绝对不希望它成为一个参观景点。

　　我觉得时装收藏有两个关键词:美和亲密感。这两个核心词非常重要,因为事实上,我们对待建筑的思路和对待时装的思路是一样的。我们在工作实践中已经有了通用的语汇。

　　无论是艺术品收藏、雕塑、建筑,还是共同工作的设计师抑或是时装收藏,我们想传达的信息都是相同的:这就是艺术,这就是美,这就是创新;这是我们的财富。除此之外,它也是我们生活中的快乐、美和创造,而不是一个现代构想。同样的,我对现场音乐颇有兴趣,它能成为我灵感源泉的另一个因素则是可以探索新的领域,赋予我和孩子们更多的灵感的想法。如果孩子们受到我工作的启发,自然而然也会很感兴趣地参与其中。尤其是劳伦,她非常享受这段经历,我很幸运有机会在孩子们长大后还能与他们有共鸣。

　　我经常在演讲中提到的一句话就是,我们都站在上一代人的肩膀上。我认为这是礼服收藏中最能引起共鸣的一点。比如,你看看 20 世纪 20 年代的时装,就会发现它们的灵感来自 19 世纪 90 年代的设计师。透过时装,我们可以得知我们到底走了多远,科技在进步,电子工业在进步,通信技术在进步,但时装从某种层面来说是我们与生俱来的对美的执着。我希望这次系列收藏可以触及更深层的东西,其他人会发现它的价值。

　　当威廉让我看到时装的纷繁复杂时,我才开始明白时尚的真谛。20 世纪初的麦昆是先驱者,香奈儿是 20 世纪 20 年代的挑战者,而薇欧奈则是 30 年代装饰艺术的革命者。这些设计师创造了伟大的时刻,你也许喜欢,也许厌恶,但是多少都会有所触动。他们让你作出自己的选择,帮你重塑区分美丑优劣的标准,让你意识到什么是你想要的生活方式,更重要的是,让你明白什么样的生活是你所摒弃的。通过这批收藏,我希望可以向你展示我们对美的理解。

　　我们对自己下一步的定位类似于优质艺术品和艺术家的赞助商。

设计师不尽相同，有些人专注于高级定制时装，另一些则与之相反，他们许多人还在痛苦地选择中，不管什么样的设计师，他们都在我们的考虑范围内。这就是我们为什么想要开始作艺术赞助商的原因，不是我们想要左右设计创作，而是想有机会对那些设计师说：如果任你发挥，你会有什么创造？你的立场是什么？你是谁？有人告诉我实际上在时装设计领域投入的资金并不需要很多，就可以突破性地对时尚标杆设计起到突破性地变化。从提供奖学金到和艺术设计学校建立综合性、长期性的赞助关系，这样才让下一代艺术才子打造出他们的天下。我希望我们很快有能力帮助培养整整一代的新的设计师。一想到有可能培养出下一位亚历山大·麦昆，我就激动不已。

我们希望拥有一批能够说明我们所有想法的收藏，因为我们的收藏是与众不同的。如果你去参观纽约大都会艺术博物馆，就会了解他们的收藏是关于艺术史的，而我们的收藏是关于美和创造力以及挑战现状的。外界都认为我们是全球最好的开发商之一，我们也可以借此平台继续发展。对我来说，这个系列收藏最有趣的地方之一就是它代表了我们继续发展的方向之一，使西岸以振奋人心的方式继续转型。

这将是一场漫长的过程，此原因在于：

我希望西岸集团会变成文化的代名词。我更希望在人们眼中，西岸就是一家文化公司。随着公司的发展，我们也越来越兼收并蓄，积极在各个领域展开有趣合作，包括艺术、科技、可持续发展，时尚、音乐和其他领域。西岸集团已经超越了传统地产开发商的界限，我们还会继续前进，期待有更高的提升。

珍妮·朗万（Jeanne Lanvin），1929 年

　　巴黎最早的时装设计店的创始人是一位女士，她最初是女帽设计者，之后又转型设计儿童服饰；现在郎万的标志就是她牵着她的女儿玛格丽特，给人一种"总体效果"的感觉，她的高级时装、帽业还有内部装修以及她天生对女性的了解都深深吸引着我。

　　银线，棉绒，丝绸，金银丝线

加布丽埃勒·香奈儿（Gabrielle Chanel），
1932 年

　　人们经常遗忘香奈儿曾是装饰主义艺术
时期最杰出的时装设计师。她那款剪裁精致
的亮片真丝晚礼服既有都市风范，又圆润感
性，时至今日依然流行，说明她了解女人真
正想穿什么，重新定义了女性眼中的美。
　　真丝缎，丝绸透明硬纱，明胶亮片

加布丽埃勒·香奈儿，1965 年

　　香奈儿既保留了她在 20 世纪 30 年代的设计风格，又跟随潮流作出了适时调整，距她第一次创作后近四十年，她依然那么了解女性。我很喜欢这件精致时尚的礼服，因为它在不断变化的样式中依然保持很高的实用性。它可以在几分钟内从晚礼服转换成鸡尾酒会礼服。

　　丝绸透明硬纱，真丝缎

伊芙·圣·罗兰（Yves Saint Laurent）为克里斯汀·迪奥（Christian Dior）设计，1958 年

　　迪奥去世之后，他手下一个才二十二岁的不知名设计助理便开始打理这家世界上最大的时尚公司。圣·罗兰在这一时期的作品相当出色，他的设计散发着自信、成熟感，而且极具创造性地将过去的古典元素融入现代女性的精致装束之中，开创了他与女性之间对话的时代。

　　真丝网眼，真丝缎，透明硬纱，玻璃珠扣

伊芙·圣·罗兰，1965 年

　　在 20 世纪伟大的现代化时期，圣·罗兰似乎能够纯熟地运用艺术、文化和历史。他设计的蒙德里安裙是那个年代最具标志性的服装，他将艺术家的灵感发挥到了极致，将木材、原油和帆布都幻化成了丝绸。

　　真丝缎，丝绸，透明硬纱

伊芙·圣·罗兰，1967 年

　　它是圣·罗兰最享誉盛名的设计之一，我喜欢这件裙装不断变化的纹理和体现出的熟练设计技巧。精致的薄雪纺镶嵌在水晶、亮片、金属片和羽毛中，创造出一件几乎是自然闪烁的精品。

　　真丝雪纺，透明硬纱，扁平水晶，明胶亮片，羽毛

伊芙·圣·罗兰，1983 年

　　这件套装的灵感来源于 18 世纪法国服装，衣服像藏红花一样丰满光亮，以深黑色的丝绸天鹅绒来衬托。这件衣服在对比手法、色彩运用以及最后制作方面都是教科书级别的，展现了圣罗兰对历史和时尚的深刻理解。

　　这款连衣裙采用真丝天鹅绒，蕾丝和真丝绸缎制成，内有镂空紧身胸衣，真丝罗缎斗篷。

罗伯托·卡布奇（Roberto Capucci），
1985 年

　　罗伯托·卡布奇主要的关注点一直
都是高级定制服装和卓越的设计与构造。
他设计的礼服样式异常华丽，其中我最
中意的是他作品中的现代感和抽象元素。
　　塔夫绸，真丝缎，骨质品

休伯特·德·纪梵希（Hubert de Givenchy），
1988 年

　　这件华丽闪耀的高级定制礼服是纪梵希创
作后期的作品，他最好的朋友也是他的缪斯奥
黛丽·赫本（Audrey Hepburn）曾于 1988 年
穿过这件礼服。我喜爱这种由艺术家及其缪斯
和赞助人共同创造出的美丽，更喜爱这种从活
力和灵感之中令美升华的方式。

　　丝硬缎，长羽毛，银箔，黑玻璃，乙烯基

詹尼·范思哲（Gianni Versace），1994 年

　　范思哲朋克系列中的安全别针裙从很多方面汲取灵感，这样的混搭产生了前所未有的效果。这件作品通过条带撕裂重新缝合外衣的手法融合英伦朋克运动风格，再配上局部印度沙丽装的优雅和流动性，这件裙装可能是他最出名的作品，也是全世界最传奇作品之一。

　　真丝绉，镀金金属和镀银金属

亚历山大·麦昆对美的看法独具个人特色，相较于所有其他设计师而言，他也更愿意不断地调整对美的诠释。这件裙装直接挑战了美的概念，描绘了 19 世纪罗曼诺夫家族的灭亡。

罗曼诺夫：针织棉布，亮片饰品

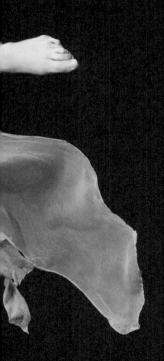

亚历山大·麦昆（Alexander McQueen），
2003 年

麦昆的"Irere"系列就像一场奇幻的旅行，也是在隐喻我们的生活就是在克服种种挑战。这件被称为"残舟之裙"的裙装是他最具代表性的作品之一，它令人如痴如醉，并寓意在生存最艰难的时刻转型也是重生的一刻。

配有内骨架胸衣的真丝雪纺

亚历山大·麦昆，2004 年
紫色雪纺 / 珠宝装甲

　　这件礼服的灵感来自古典主义艺术，丝绸雪纺上缀满了紫水晶，由闪闪发亮的卢勒克斯银线精心织就。整个礼服的设计极其简洁大方，受到拜占庭时期胸甲的启发，礼服上刺绣着金色的流苏，并点缀有紫水晶和蓝色的托帕石。

　　这件礼服所用的材料有丝绸雪纺、卢勒克斯银线和泰国丝绸。而胸甲则用到了水晶、玻璃和金色的流苏

亚历山大·麦昆，2004 年秋冬展

　　麦昆 2004 年秋季系列是对简洁之美的无上赞歌，对麦昆本人而言，则意味着重生和纯粹。流畅的立体裁剪以及朴素的织物来源于两个风格迥异的主题：久远的古希腊和遥远的外星世界。

亚历山大·麦昆，2007 年

在麦昆的"Salem"系列中，设计师的灵感来源于一位祖先 —— 一名死于审判的，声名狼藉的女巫。麦昆把她们视为战士和生命力量的代表，将她们升华为神灵。

丝绒，玻璃珠扣，人造丝绸

亚历山大·麦昆，2010 年
黄金羽毛 / 印刷连衣裙

　　个人认为这是麦昆设计的最美丽、最浪漫的连衣裙，上面的羽毛是纯手工镶嵌，让人联想到文艺复兴时期的天使形象。裙子主体是斯特凡·洛克纳（Stefan Lochner）设计的祭坛画，由 1450AD 打印机数字喷绘。

　　硬丝绸，镀金羽毛，薄纱

亚历山大·麦昆，2010 年
红与金

　　这条裙子采用发光的红色硬缎丝绸
制成，作了收肩处理，让人联想到盔甲。
裙子上用手工刺绣，加上了金边流苏和
玻璃装饰。
　　丝绒，蕾丝，银色和金色玻璃珠扣，
金线流苏

靴子

　　这双靴子太引人遐想了，它让我想
起了凶悍的公路劫匪、复仇者、流氓还
有巨大的力量。最柔软的黑色皮革和镀
金的鞋底碰撞在一起，鞋跟的设计灵感
来源于 17 世纪伟大的木雕家格林林·吉
本斯（Grinling Gibbons）。

对于参加麦昆谢幕展的观众来说，这件衣服尤为值得称赞，它似乎融入了麦昆天生的美感。上好的丝质雪纺印上了文艺复兴时期雕刻岩画的痕迹，上身部分用银丝刺绣和玻璃装饰。最令人心醉的是，在袖子和背部缝上了天使的翅膀。这件衣服展现了硬丝绸和雪纺纱、玻璃与蕾丝之间的平衡，展现了过去与现代的平衡。

丝绒，真丝雪纺，蕾丝，玻璃珠扣，银线流苏

麦昆生前最后一个系列是在他快去世之前完成的，只有十六件作品。这次展览并没有像以前那样盛大展出，邀请数以千计的观众，而只是在巴黎的一个豪华展厅里单独邀请了一些人。

我仰慕麦昆的才华已久，这次谢幕展非常安静，完美地阐释了他本人：既是时装设计师，也是幻想家。

这次谢幕展上，麦昆摒弃了 20 世纪的很多元素，转而从他喜爱的 15 和 16 世纪的宗教绘画中获得灵感。他眼里的女性傲骨又朴素，她们的女子气质就是一种力量和武器。

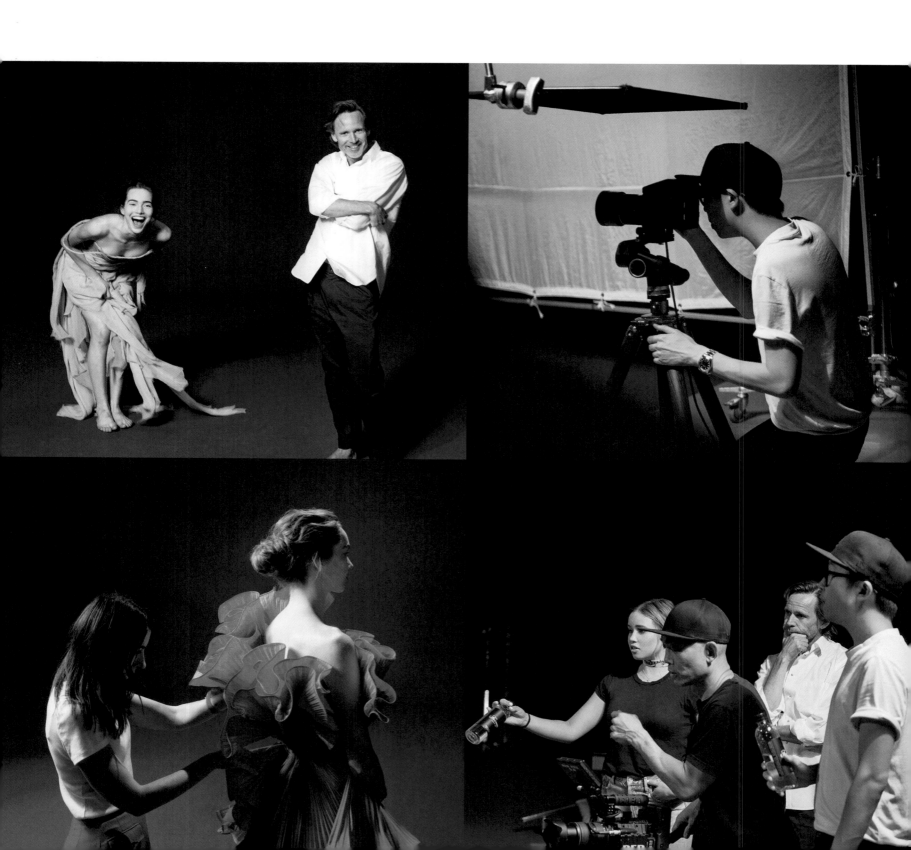

Brad Jones

Jason Lau

Kevin Back

Aaron MacDonald

Ryan Corby   Justin Moody   Blake Leew
Gary Hebert   Rhiannon Mabberley

Jennifer George

Daryl Ridley   Penny Vermeulen   Richard Lejeune   Brian Gibbons

Firas Al Saidi

Ken Devlin

Music
音乐

现场音乐可以调动你所有的感官；现场演奏的音乐会产生并释放巨大的感染力。当演奏者在现场演奏之时，他们用音乐把动感活力传递给了观众，而同时观众也反过来，用自己的如潮热情去回报演奏者。演奏者和观众彼此互动之时，现场就产生了一种提前录制的音乐绝对无法与之比拟的奇妙的化学反应。那些提前录制的音乐是可以人为控制的，是反复取样并反复测试调整过的，而现场音乐则只关乎音乐人、听众和空间本身。它的效果在于演奏现场的整体氛围，相互反馈循环形成之后，会在空间中产生奇特的化学反应，这是预录音乐不能比的。唱片音乐是经过处理，反复测试调整的；但是现场音乐主要靠音乐人、听众还有空间，是整个环境在起作用，而不单单是声音。

我们对现场音乐产生兴趣的原因有点与众不同。很长一段时间我都觉得，娱乐和艺术，虽同为艺术的表现形式，本质却是大相径庭的。以我的拙见，尽管我们为古典音乐和歌剧表演建造了交响乐音乐厅，但是我们对于其他同等重要的音乐流派却缺少相应的支持。尤其在温哥华，多年来都缺少能让音乐艺术家靠演奏而得以谋生的机会。这个世界不缺夜店，缺的是能让艺术家获得尊重的安全场所，能让人们见识到音乐领域的后起之秀们那些才华横溢的表演，并能让艺术家们和观众有机会面对面，共同领略音乐的美好与精彩。有一天当我在阅读《温哥华太阳报》时看到一则广告说戈登·莱特富特（Gordon Lightfoot）要在列治文的一个赌场里开演奏会，当时我就暗暗思忖："像他这么有名的音乐家，为音乐事业奉献了快 60 年，为什么还要在一个赌场里开演奏会？"我的观念是，要么停止抱怨，要么付出行动去解决问题。就这样，我们迈出了音乐之旅的第一步。

我深信，喜爱音乐之人众多，但就个体而言，音乐是最能影响我情绪的艺术形式了。音乐的魅力对人类甚至对动物都可以产生内在的影响力，无数的科学研究均已证实：音乐的力量无论是对人类的大脑发育，还是对人类抑郁和许多疾病的治疗，都发挥了积极的作用。当我们沉浸在音乐之中时，我们真正强调的是如下两点：第一，现场音乐显然是一种更加立体和丰富的体验活动。第二，娱乐和音乐作为艺术形式的两种表现方式有着本质的不同。很明显，音乐既可以是艺术，也可以是娱乐，音乐更富有打动人心的力量。但是有一点也是显而易见的，那就是当今世界的音乐已经过度商业化，从而脱离了音乐是表达美的这一本质。因此我们希望，通过加大时间和资源的投入去带给人们美的感受，此举在令我们的事业变得更有深度的同时，也支持了诸多音乐家的事业，帮助他们去创作真正意义上的艺术而非仅仅把艺术当作可以兜售的商品。

费尔蒙特环太平洋酒店于 2010 年奥运会期间开业，开业第一周就举行了 12 场表演，后来更是增至每周能够举办超过 25 场表演。在我看来，这些表演如果不是让该酒店得以成功经营的根本原因，至少也是重要原因之一。

费尔蒙特环太平洋酒店现场音乐的创办者是一位名为凯莉·丹尼斯（Kelly Denis）的年轻女士。该酒店起初是和从事管理和票务业务的西格尔娱乐公司签订合同，为酒店大堂寻找驻店表演者。在凯莉的引导以及热爱音乐的酒店总经理菲尔·巴尔内斯（Phil Barnes）的鼓励下，西格尔娱乐公司变得更为冒险和大胆，这分冒险和大胆成功打造出了我从未领略过的当代创新的音乐体验。凯莉为费尔蒙特环太平洋酒店创造了独特的氛围，她当之无愧是酒店得以成功经营的一大功臣。之后在 2012 年，凯莉直接参与我们的一些项目中，比如多伦多香格里拉酒店大堂以及一些其他项目，从而真正成了西岸集团现场音乐的负责人。我们与凯莉一直保持了这份精诚合作之谊，这使得我们在多年后围绕"血巷"项目依然可以就收购凯莉的雇主西格尔娱乐公司事宜而展开友好的对话协商，并最终在 2016 年付诸行动成功收购，之后我们和凯莉共同创立了一家新公司：西格尔娱乐策划（我们还要再斟酌一下公司名称）。

自从 5 年前我们与西格尔的新公司运营开始合作至今，我们在温哥华和多伦多都成功举办了令人趋之若鹜的大堂现场音乐演出。现场音乐表演已经成为费尔蒙特环太平洋酒店和香格里拉酒店的标志性活动。可以这样讲，我们每家酒店的成功以及我们在随后不断拓展的酒店事业，均得益于早期这些现场音乐表演为酒店带来的良好声誉。

我们做现场音乐项目的初衷是为每个年龄段的人提供适合他们的音乐，这无疑也为每个表演者提出了新的挑战，那就是他们既要演奏自己的音乐，还要演奏别人的歌曲。演奏别人的作品就像欣赏一件艺术品并且还要亲身去诠释它，它既是主观的，又是可以被解读的。和我们合作的音乐人必须完美诠释他人作品的同时，具备将其音乐艺术融入己身并化为己用的能量，因此他们需要有极强的天赋、极高的专业素养和旺盛的精力，同时他们的表演还要个性鲜明。

在道格·金（Doug King）的帮助下，凯莉接管了西格尔娱乐公司并勇担其舵手之职。看到凯莉在事业上的热忱，看到我们一直在努力去打造的高品质现场音乐演奏所带来的良好社会反应，我们决定投入双倍的资金，令我们在温哥华和多伦多所建造酒店的现场音乐项目走向更大的辉煌。

在温哥华，通过和规划部门整整两年的商议，我们最终确定了现场音乐的演奏场地，虽然这个场地与我们的最初预期相比不那么尽如人意，但也还算独具特色。我们打算把它命名为"血巷音乐厅"（劳伦说这个项目在血巷 36 号，所以名字显而易见，无须再劳神另起），项目选定在煤气镇，街对面就是科尔多瓦街 60 号，那条街上还有我们建造的霍德商城。在移民时代早期，这条路叫作特鲁斯巷（Trounce Alley），更名为血巷的灵感应该来源于纽约一条两旁都是屠宰场的街巷。我们从纽约传奇的 Max's Deli 餐厅获得了建造这个场所的灵感。

从 20 世纪 60 年代末至 20 世纪 70 年代初，位于公园大道纽约 17 号的 Max's Deli 餐厅，一直是艺术家们聚集之地。那是艺术世界飞速变革的时代，涌现了很多划时代的艺术家，比如唐纳德·贾德（Donald Judd），安迪·沃霍尔（Andy Warhol），还有约翰·张伯伦（John Chamberlain），也有包括布鲁斯·斯普林斯汀（Bruce Springsteen），爱丽丝·库珀（Alice Cooper），卢·里德（Lou Reed），帕蒂·史密斯（Patti Smith）和汤姆·威茨（Tom Waits）在内的音乐家。他们聚在一起，创作了很多对世界文化有巨大贡献的混搭艺术，融合了美术、时装、电影还有音乐。我们对血巷音乐厅也有相似的期许。我们意在营造出一种环境来培养人才，让他们尽情创作，发挥创造力，携手合作，进而打造出卓越的艺术作品。

这个项目并非只是传统意义上的商业项目。我们是要把"血巷"打造成温哥华的社交和文化娱乐中心。除此之外，生命如此短暂，我想尽情地享受生命，而现场音乐正是我想和孩子们共同完成的一件事。尤其是我儿子肖恩，他很喜欢音乐而且对当代音乐教育起源有很浓厚的兴趣。我希望我们二人对音乐的共同爱好和兴趣可以在未来的日子里进行深入探索。这个项目亦将进一步加强西岸集团作为文化生产者的声誉：让温哥华成为一个更有趣、更宜居、更美丽、更文明的城市。我们曾经赞助过社会各界人士举办的多种社会、艺术和文化活动。"血巷"项目则让我们不但有机会策划自己的音乐活动，同时也可使得其他人以自己的参与去为温哥华这座城市贡献自己的一份力量，而不仅仅是音乐方面。如果有一个共同主题的话，我希望可以和文化有关系，增加主题的深度，填补我们现在的空白。

对于血巷音乐厅，我们设想把它做成一个艺术服务空间，在这里能够进行情绪饱满、发人深省、振奋人心的表演，还可以促进音乐、美术、电影和其他形式的艺术的蓬勃发展。在这里，艺术家们可以与人们分享他们灵魂深处的东西。这也是一个充满机会的空间：本地特色乐队可以表演原创歌曲，并由当地舞蹈团体呈现精心设计的舞蹈。它将为我们和其他人提供、组织各种活动和表演的机会，全面诠释总体艺术之美，各式各样的艺术家们将鼎力合作，尽情挥洒他们的想象力去创造出新奇而有趣的作品。"血巷"就是一块空白的画布，等待所有人浓墨重彩的创作。

当然，就本书的主题而言，我想做的事情和我能做的事情并不总是完全契合。隈研吾最初为"血巷"设计的精美方案本来可以给这个城市提供一个私人赞助的新式公共文化空间，吸引世界各地的游客。然而，监管机构出于安全考虑退缩了，他们忽视了其实世界上有很多类似场馆成功的案例。我们如此地想让这座城市有所改变，但是温哥华一号公馆二期也没有审批通过，我们再一次错失了为温哥华创造美丽的机会，这令人非常沮丧。如果你看过我们设想的蓝图，就能明白我们当时有多难过。否决这个方案虽然会让我们节省数百万美元的成本，但是整个社区损失的远不止于此。

尽管如此，我们也没有放弃。此书付印之际，我们就在着手设计这个虽不那么激进但在完工之际，必将令所有的温哥华人为之骄傲和自豪的项目。我希望在凯莉的引导下，在 2020 年"血巷音乐厅"开业之时，我们为之竭诚打造的妙趣横生的艺术和精彩绝伦的现场音乐之美将会完美融合为一体，"血巷音乐厅"将成为未来温哥华固定的现场音乐场地。

我们在多伦多的发展思路与西格尔娱乐公司的合作相似，我们将在马维殊村市场打造一个现场音乐场所。我希望这个音乐场所，和拥有众多餐厅的万锦市市场，以及我们即将改造的公园一起，成为多伦多民众的喜乐相聚之地，届时，音乐将成为把人们吸引至此的一股主要力量。实现这个愿景需要进行一些大胆实验，但无论如何，我已经看到它为马维殊村带来的生机与活力。在实验的过程中，我们也了解了应该如何更好地将我们不同的项目融合在一起，从而产生独特的效果。

橡树岭的再次开发也让我们有很多机会整合我们项目的方方面面的实践经验。温哥华是一个布局完整并经过整体规划的城市文化中心，这个城市具备把我们所有的项目特色结合起来的巨大潜力。我曾经希望将多个艺术和文化场所都纳入橡树岭项目的改造计划，去达到增加这片地区文化独特性的目的。也许"血巷"项目最初的设计理念就会

在这样一种全新的背景下得以实现。

本书执笔之刻，我们才刚刚开始涉足音乐场所的设计和管理之旅。实际上，我们现在正在积极地拓展表演的新领域，我们投资了一家舞蹈工作社，我们此举不仅是去支持和提携一位优秀的年轻企业家，还是为了要为我们的项目、酒店和音乐场所注入深层次的文化内涵。就像我们设计的音乐场馆一样，我们计划在多伦多和西雅图继续贯彻这一理念，为城市文化建设作出更大的贡献。

"血巷"、马维殊村，以及即将开张的橡树岭音乐厅都是我们用全部的灵感去设计的心血之作，但是我们现在无法预测它们将会变成什么样，或者它们将如何演变，因为它们在被打造成功之后，它们就开始靠它们自身去诠释和体现自己的价值。不管怎样，当我们深入研究这些新项目，并充分了解到我们所创作出的这些公共空间的功能，以及它们所表现出的非凡的艺术性之后，我更加确信我们将以更加新颖而有趣的风格去拓展我们的设计思路。同样重要的是，通过我们的不懈努力，西岸集团作为一个城市文化缔造者的角色将再次得到巩固和加强。

音乐：设计过程中的隐喻

　　它类似于创建乐谱。首先你必须了
解创作乐谱的基本乐理知识——音符、
琴键、提示升音和降音的临时符等，然
后才能开始谱写真正的音乐旋律。在你
对自己所创作的旋律感到满意以后，你
还要在此基础上叠加另一种旋律去构成
音乐复调的结构之美。在这些基础上，
你会学习和弦的累进，以及如何通过
实验增加更多的声音来创造更复杂的和
声。你会发现不同的乐器有不同的特点
和音域，这些特点和音域会使声音变得
更有质感、更具深度，也更加丰富。随
着更复杂的和弦和不同类型的声音的出
现，乐谱的编排变得更为立体，乐谱被
注入更多的情感因素，在让你获得一种
全新的音乐体验的同时，更可感受到音
乐元素的变幻多端，如取之不竭用之不
尽的宝贵泉源，以无限可能的方式谱写
出美妙的乐曲。再融入不同的音乐类型，
所谓的混搭就横空出世了……

勒纳特·李（Renata Li）

2017 年 7 月 13 日

血巷音乐厅，2020 年
加拿大，温哥华
隈研吾建筑都市设计事务所

　　自我开始深思如何开发这片地块之
日起，我就意识到如果我们想要在这里
复制和延续霍德商城项目的成功，就绝
不是简简单单的砌砖垒墙那么简单。这
个项目有望成为温哥华一个小型但意义
非凡的文化中心。我们把它命名为血巷
（这个名字不是我们杜撰的，而是因为
这里的旧址就是血巷 36 号），我们最初
只是想把这里打造成一个音乐场所。但
是当我看到隈研吾的设计初稿时，马上
明白了这里不仅仅可以打造成一个简单
的音乐场地，而完全可以打造成为温哥
华的综合文化中心。当然，仅仅怀有建
立一个私人出资的文化中心的想法是远
远不够的，事实上我们花费了数年时间
才让这个想法付诸实践。

　　不管你是否相信，在解决完最初的
一些设计问题后，我们又被火灾和安全
问题难住了。这片地块确实有一定风险，
如果发生什么意外，应急响应小组很难
突破外墙来应对危机。最后，我们的计
划获得了一半程度的批准，虽然地方变
小了，也没有原来的纵深，但是我们研
究出了方法，使得我们在实现当初设计
愿景的同时又可以使项目获批。

　　我并不会急于开发血巷项目，因为
它是一个我投入创作激情的项目。尽管
这个项目没有任何金钱回报，但它却将
是温哥华城市建设过程中一件举足轻重
的作品。我为我们始终没有放弃这个项
目而感到自豪，同时我非常看好血巷音
乐厅的发展潜力。读者们将会亲眼看见
这个项目在 2020 年开张前的几年是如
何发展演变的。

Bryan Tucker

Ho Yee Lo

Lloyd Kamlade   Radu Craciun

Alan Meek

Gordon Bannister

Amrit Bains   Connor Roney   Linda Nguyen

Stacy Liao

Brian Wang

Angela Li

Nicole Qiu

People, Events and Celebrations
团队，活动以及庆典

费尔蒙特时装秀 & 制服揭幕仪式

温哥华一号公馆开盘活动

隈研吾造访温哥华

霍尔特·伦弗鲁和欧迈·阿尔贝尔参加博奇"16"揭幕仪式

温哥华杂志 50 大名人榜

研科花园的法国国旗

贾斯汀·特鲁多总理的活动

霍德商城年度可丽饼早餐活动

阿铂尼模型拍摄

拍摄隈研吾

隈研吾专访

城市设计颁奖典礼

不列颠哥伦比亚省"总督奖"建筑类奖项

伦敦蛇形画廊开幕式

188 禄公共艺术揭幕式

电视直播悲剧式忧郁（加拿大摇滚乐队）

霍德商城篮球赛：吉姆·格林三对三锦标赛

多伦多香格里拉酒店时装秀开幕式

日本办事处开业

霍德商城丰收晚宴

伊恩与张戴维在温哥华

隈研吾与伊恩在东京参加：阿铂尼·隈研吾项目活动

隈研吾与伊恩在北京参加为阿铂尼·隈研吾举行的"以小见大"讲座

考察"蝴蝶"混凝土

霍德商城轻舟计划

为《单片镜》杂志采访拍摄

霍德商城艺术战

研科云庭公共艺术模型展

阿铂尼·隈研吾项目的赐福典礼

参观法奇奥里工厂

温哥华"美·无止境"展览

多伦多蛇形画廊展览

上海嘉里中心"美·无止境"展览

西雅图晨曦销售中心及销售活动

温哥华"筑艺未来"展览

温哥华橡树岭预览活动

西岸东京项目的日本发布会

新年晚会及利索尼豪宅御庭活动

费尔蒙特时装秀 & 制服揭幕仪式
（Fairmont Fashion Show &
Uniform Unveiling）
2013 年 11 月 26 日

温哥华一号公馆开盘活动

（Vancouver House Sales Event）

2014 年 6 月 16 日

隈研吾造访温哥华
（Kengo Kuma Visit, Vancouver
2015 年 2 月 21 日）

隈研吾和他的团队来温哥华考察位于
阿铂尼街 1550 号未来的项目地。
（Kuma-San and his team travels
to Vancouver and visits the site of
his future project at 1550 Alberni）

霍尔特·伦弗鲁和欧迈·阿尔贝尔参加
博奇"16"揭幕仪式
（Holt Renfrew and Omer Arbel
for Bocci "16" Unveiling）
2015 年 3 月 4 日

温哥华杂志 50 大名人榜
（Vancouver Magazine Power 50）
2015 年 11 月 16 日

研科花园的法国国旗
（TELUS Garden France Flag）
2015 年 11 月 16 日

贾斯汀·特鲁多总理的活动
（Prime Minister Justin Trudeau Event）
2015 年 12 月 17 日

霍德商城年度可丽饼早餐活动
（Woodward's Annual Pancake
Breakfast）
2015 年、2016 年、2017 年 4 月

阿铂尼模型拍摄（Alberni Model Photo Shoot）
2016 年 2 月 9 日

阿铂尼·隈研吾团队以及模型拍摄照片
（Photoshoot for the Alberni by Kengo Kuma
Project Team and The Project Model）

拍摄隈研吾
（Kengo Kuma Photo Shoot）
2016 年 4 月 12 日

隈研吾来访温哥华并进行"以小见大"演说的
时候在陈氏艺术中心期间进行的照片拍摄。
（Photoshoot Held During Kengo Kuma
Visit to Vancouver for His Small to Large
Lecture at the Chan Centre）

隈研吾专访（Kengo Kuma Interview）
2016 年 4 月 12 日

隈研吾在伊恩·格莱斯宾家接受了关于"以小见大"
演说以及温哥华未来项目的采访，众多媒体在场。
（Kengo Kuma Conducts Interview for His
Small to Large Lecture and Future Projects
in Vancouver, at Ian Gillespie's Home, with
Various Media Publications）

城市设计颁奖典礼
（City of Vancouver Urban Design Awards）
2016 年 5 月 12 日

在温哥华城市设计颁奖典礼上，研科花园因其办公
室展馆设计而获得城市元素奖。
（TELUS Garden Wins Urban Elements
Award for the Design of its Office Pavilion,
at the Vancouver Urban Design Awards）

不列颠哥伦比亚省"总督奖"
建筑类奖项
（The Lieutenant Governor of BC
Awards in Architecture）
2016 年 5 月 18 日

伦敦蛇形画廊开幕式
（Serpentine Opening Event）
2016 年 6 月 8 日

前不列颠哥伦比亚省长兼加拿大高级英国专员
戈登·坎贝尔，劳伦·格莱斯宾和伊恩·格莱
斯宾参加蛇形画廊开幕式。
（Ian Gillespie and Lauren Gillespie with
Former BC Premier Gordon Campbell,
then Canadian High Commissioner to
the United Kingdom, at the Serpentine
Pavilion Opening）

比雅克·英格尔斯（最右）

188 禄公共艺术揭幕式
（188 Keefer Public Art Unveiling）
2016 年 6 月 13 日

电视直播悲剧式忧郁（加拿大摇滚乐队）
（Tragically Hip Live Screening）
2016 年 8 月 20 日

霍德商城篮球赛：吉姆·格林三对三锦标赛
（Woodward's Basketball Events:
Jim Green 3 on 3 Tournament）
2016 年 8 月 27 日～ 28 日

多伦多香格里拉酒店时装秀开幕式
（Couture Unveiling at Shangri-La Toronto）
2016 年 9 月 20 日

日本办事处开业
（Japan Office Opening）
2016 年 10 月 19 日

霍德商城丰收晚宴
（Woodward's Harvest Dinner）
2016 年 10 月 30 日

伊恩与张戴维在温哥华
（David Chang and Ian, Vancouver）
2016 年 12 月 4 日

隈研吾与伊恩在东京参加：
阿铂尼·隈研吾项目活动
（Kengo Kuma and Ian in
Tokyo for Alberni ）
2017 年 3 月 9 日

隈研吾与伊恩在北京参加为阿铂尼·隈研吾
举行的"以小见大"讲座
（Kengo Kuma and Ian in Beijing for
Alberni Small to Large）
2017 年 3 月 10 日

考察"蝴蝶"混凝土
（The Butterfly Concrete Viewing）
2017 年 4 月 20 日

霍德商城轻舟计划

（Woodward's Canoe Project）

2017 年 4 月 28 日

研科云庭公共艺术模型展

（TELUS Sky Public Art Mockup）

2017 年 6 月 14 日

阿铂尼·隈研吾项目的赐福典礼
（Alberni by Kengo Kuma Blessing Ceremony）
2017 年 6 月 16 日

（Alberni by Kengo Kuma Blessing Ceremony）

参观法奇奥里工厂

（Fazioli Factory Visit）

2017 年 7 月 22 日

温哥华"美·无止境"展览
（Fight For Beauty Exhibition in Vancouver）
2017 年 9 月

多伦多蛇形画廊展览
（Toronto Serpentine Exhibition）
2018 年 9 ～ 12 月

上海嘉里中心"美·无止境"展览
（Fight For Beauty in Kerry Centre Shanghai）
2017 年 11 月

温哥华"筑艺未来"展览
（Unwritten Exhibiton）
2018 年 11 月 3 日起

温哥华"筑艺未来"展览
（Unwritten Exhibiton）
2018 年 11 月 3 日起

温哥华橡树岭预览活动

（Oakridge Keynote Event）

2018 年 11 月 14 日

西岸东京项目的日本发布会
右下：隈研吾，Maggie 和伊恩
（Japanese projects event in Tokyo）
2018 年 12 月 21 日

新年晚会及利索尼豪宅御庭活动
（New Year Event and Palazzi Event）
2019 年 1 月 & 2019 年 4 月

Ian Duke

Marina Caramelo   Valerie Zacota   Serena Shek

Melissa Ong

Janice Leung   Ian Gillespie

Amin Hassanshahi   Lori Parker

Kevin Truong

Cindy Liu

Edwin Baguio   Kush Bains   Ray Lau
Julie Wright   Spencer Hu

The Next Chapter
下一篇章

赤坂

阿铂尼 1684

百老汇商业区

戴维和西夫韦

彭德雷尔街

5055 乔伊斯街

美因 5 号

斯图尔特 1200 号

植物学家餐厅

费尔蒙特环太平洋酒店的业主套房

单车旋转木马

西格鲁吉亚 400 号

我们并不是开发商

　　我们和大多数开发商的动机不同。我们看重的东西是不同的。开发地产只是我们所做的工作之一，这种工作让我们拥有很多机会，并且通常是很有趣的机会。

　　我们的目的是成为一家独一无二的公司。我们的核心是多元化，这是我们与众不同的关键。

　　我们走的是折中主义，扩大我们的利益范围，在地产行业之外积极地结交各类合作：包括艺术、文化、可持续性、基础设施建设等其他方面。

　　我们通过工作来向大众介绍自己，并与那些价值观相同的伙伴共事。

　　我们通过我们的所作所为向世界展示我们是谁。

　　西岸集团不只是在打造建筑，我们了解周边地区和现存的社区，为他们增添更多色彩，也从他们那里得到反馈。我们的最终目标是对人们今天的生活方式产生积极影响。

　　西岸集团的机会在于将整体的开发方式当作我们品牌的核心，并且向外推广。就像包豪斯创造了现代主义的规则并对其产生影响，西岸集团能够影响当今乃至未来的文化。

文化就是我们的流通货币

　　我们是一家文化公司。

　　我们所做的一切都有助于传播文化。

　　我们通过合作与结盟去表达我们的建筑哲学理念。

　　我们邀请各路文化先锋人士鼎力合作，打造他们独特有趣的艺术作品，并将其运用在我们的建筑作品中，使其发挥影响力。

　　我们演绎文化守护神的角色，并在全球传播。

　　我们不仅仅是一家房地产公司，或者是一家开发商，我们已经成为一家专门从事文化交流活动的公司，成为展示和传播文化运动的全球性力量。

文化遗产

　　我们将不懈地追求完美。这是我们所做的每一件事背后的宗旨。无论我们从事哪一个领域的工作，这依然是我们想要创造遗产的核心精神。我们所建造的所有建筑都完美地诠释了这一点。

　　这可能是为了让一个城市更加美丽，或是为城市提供更清洁的能源，除了这些，我们还给艺术家带来新的观众，让人们看到以往从未见过的事物。在你开始着手任何一个项目之前，或在开发过程中的每一个阶段，都要问自己：我们所做的成果会比以前的更好吗？

　　然后就去努力完成这个项目，永不放弃。

"有人问，为什么要选择登月？为什么要选择这个作为我们的目标？他们可能还会问为什么要攀登最高的山峰？"

"是我们选择了登月。我们选择在这个时代登月和做其他的事情并不是因为它们容易去做，而恰恰是因为它们难以实现，因为为了达成这些目标我们会审视并激发自己最大的能力和技能，这是我们心甘情愿去接受的巨大接受，亦是我们要争分夺秒去面对的挑战，更是我们笃志要赢的一次挑战。所有的人都想赢得这次挑战。"——约翰·肯尼迪

自从出版了《建筑艺术》，我经常会说那本书的创作过程其实是我们工作实践中最有价值的一部分。出书需要爬格写字，字斟句酌，反复校对，仔细编辑，这就需要作者有清晰的思路，而这点并不是简单的思考就可以做到的。从这个角度来看，这第二本书的出版对西岸来说可谓恰逢其时。我们正在着手开展我们有史以来最具创造性的工作。我们扩大了业务范围，从东京到伦敦都有项目，而且我们的项目质量上乘，阿铂尼·隈研吾、蝴蝶、橡树岭、马维殊村、多伦多一号公馆和日本东京赤坂的项目都是世界顶级水准。

当我重读第一本书的时候，看到我们当初预测的许多事情都成了现实，着实是一件乐事。每年我都会给西岸团队写年终函，回顾我们的成功与失败之处，并为来年指明发展方向，贯彻我们最重要的价值观。当我再次阅读这些信时，我总是因为我们当时的雄心壮志而忍俊不禁，因为我们只完成了一半多。但是，当您回过头来再次按时间顺序阅读并审视这些信时，就知道我们已经走了多远。你会看到我们一直在开展计划，在充足的时间里，我们最终实现了我们的大部分目标。

那么我们的计划是什么呢？这就是这一章的题目，像以前一样，在多年之后看看我当初的预测是否准确，是很有趣的一件事。当然，有些事不在我们的掌控范围之内，会让我们偏离正轨，或是阻碍我们前进的冲劲。不过，有一个明确的目标可以帮我们在遇到阻碍时及时调整路线。在上一本书中，我详细介绍了这些风险因素而且它们现在

依然存在。我深受沃伦·巴菲特的那本《雪球》的影响，这本书是我们公司的新人必读书目。巴菲特的核心主题就是：如果你有一个长期的目标，而且比竞争对手都更加努力；如果你保持自律而且保持竞争优势，那么，你的事业这样就会像滚雪球一样，你最终会创造出起初根本想象不到的伟大成就。

我们在自律方面做得相当不错，在这些正在西岸工作的孩子们人生中的二十五年间，我们为他们提供了很好的创造平台。这个平台汇聚了知识、自信、技术能力、财务状况表、荣誉，和一个强大的团队，或多或少都让我们有能力去做得更多。尽管如此，我坚信，我们更接近我们伟大事业旅程的开始而不是结束。当全世界看到书中描述的新项目竣工时，这个平台将会给予我们此前从未想过的机会，这些机会正在快步向我们走来，当然"它们还只是一幅宏伟蓝图，未被世人亲眼看见"。

西岸 1.0 是我们最初关于购物中心的投资，因为这些项目我们才购买了阿贝林业开发公司（Abbey Woods Development Corporation）。西岸 2.0 是后续的一段时间产生的，那个时候正是我们温哥华开发团队雄心勃勃的时候，萧氏大厦、温哥华和多伦多的香格里拉酒店、费尔蒙特环太平洋酒店和研科花园都囊括其中。你能看到我们从温哥华一号公馆开始，公司志向开始明晰，我们购买了创新能源公司并且将它扩展至多伦多、西雅图、东京，你可以称这段时期为西岸 3.0。

如果深究下去你会发现很有趣的地方。我们其实很容易就能获得温哥华豪宅市场的主导地位。如果只是专注高端地产，我们肯定比现在赚得更多，从住宅不断上升的估价就可以看出来。但是当初曾经推动我们把工作目标从购物中心转向商住两用房的那股力量又在迫使我们不断前进：我其实一直在寻求新的冒险。是什么样的内心力量驱动着我不断去进行新的冒险？这个问题恐怕需要用我的整个职业生涯去回答，远非简单地和心理医生谈几个小时就能寻求到答案。我意识到这对于我的个人幸福以及整个西岸的成功都非常重要。这也是我对

西岸团队的品格和技能的致敬，他们愿意不断进取、提高能力并且雄心不减。我们已经聚集了足够多的冒险者，即使那些最开始没有冒险精神的人也会发现自己不知不觉被吸引了进来。

Building A Practice From Principles And Ideas
贯穿原则和想法的实践

回溯西岸3.0的发展过程，很明显能够看到我们接了更多复杂的、想法大胆的项目，我们现在走入了一个更加重要的节点。温哥华一号公馆，以及之后的卡尔加里研科云庭、阿铂尼·隈研吾、贝蒂街720号、西格鲁吉亚400号、温哥华阿铂尼1684、多伦多一号公馆，还有马维殊村、弗莱博物馆，这些都表明我们在新的、更复杂的项目中践行此前的理念。我们不只是重新审视旧观念；我们现在有办法让这些想法得以蓬勃发展。

实际上西岸的每一个项目都是由我脑海中的一个概念开始的。有的时候，比如马维殊村，就是一个我能够阐述明白的项目；还有些时候，比如阿铂尼·隈研吾，设计就是从一个模糊的感觉开始然后逐渐成形。我们的项目从未受到开发形式的支配，从未只追求利润或最小化风险，大多数其他房地产开发商却是如此。相反，我们经常做的是，向外界传达一个独特的形式或概念，然后实现一些更加宏大的目标。

- 温哥华一号公馆：创建一个进入温哥华市中心的新门户，采用了富有活力的雕塑形式，定义了艺术工作，为周边地区带来了活力。
- 卡尔加里研科云庭：将研科云庭带入一个被石油天然气价格暴跌摧毁的写字楼市场中，并第一次将女性特质引入了卡尔加里的天际线，同时整合了道格拉斯·科普兰的公共艺术品 Cellophane。
- 温哥华阿铂尼·隈研吾：这是对日本层次化理念的探索，也是对自然与材料空间的探索。

- 多伦多马维殊村：这个项目是我们在小规模上延续在橡树岭的野心，通过增加细纹理来创造更加具有人文色彩的建筑形式，引入区域能源并且重新定义什么样的公共市场是好的。马维殊村在很多方面的自然进化概念都和我们在霍德商城重建项目中所探求的一样。
- 多伦多一号公馆：（我们和合作伙伴安奈德房地产投资公司）通过探索关于建筑如何改进社区，可能和蒙特利尔摩西·萨夫迪的67号栖息地所展示的相似。
- 西雅图弗莱博物馆：展现一个文化设施如何重塑项目所在地，让项目变得更具可持续性、更有吸引力、更靠近现实生活。
- 东京赤坂：拒绝被包围在条条框框中，我们把这些约束当作机会，以此推动创新，挑战现状。
- 温哥华西格鲁吉亚400号办公大厦：借鉴了许多研科花园的城市化理念，旨在改善工作环境。

在规划未来实践的方向时，我们想寻求一些帮助，找到一种表达和传递我们倡议的方法。在撰写本文时，我的女儿劳伦马上就要完成她在创意公司 AKQA 伦敦办公室的实习。后来我们请 AKQA 帮我们整合思路，寻找一种与外界展示我们整体的方式。随着西岸平台的不断发展，我们的影响力也在不断扩大，我们也更需要和外界沟通我们的工作。如何向外界阐述我们希望在社会上作出的贡献？在我们目标更多样化、更雄心勃勃的时候，我们该如何给自己定位？

我们和 AKQA 公司合作了 5～6 个月，从一开始我们就在定位自己。很明显，我们不再仅是一家开发商。显然，房地产开发是我们工作的一个重要组成部分。但是，我们的工作包含了更多的方面，我们的工作方式又是如此不同，以至于不能用如此狭隘的词汇来定义西岸，这会有失偏颇。

那么，如果我们不是一家开发公司，那么我们是什么？ AKQA 真的以一个新的方式帮助我们思考这个问题。克罗地亚·克里斯多娃（Claudia Cristovao）和她的团队成功用语言表述了我们一直想阐述的内容：西岸已成为一家文化公司。我们的奋斗目标不是建立最大的公司或接最赚钱的项目。我们的目标是将艺术带到我们所有的工作当中，同时在这个过程中，让社会变得更加丰富有趣。

这些都是在明确和重新构建企业品牌形象的前期工作，同时随着整体艺术和分层概念进一步发展，我们的工作也会在多方面展开。然而，无论我们走哪条路，总是在追求美。正是如此，我们在时尚、音乐、公共艺术和钢琴、能源创造以及可持续性方面的探索，还有在思想层面和展览上都有独特之处。

Perseverance
毅力

我们的态度是永不放弃；在其他开发商可能会说"很好了"的时候，我们依然会不断进步，这是西岸集团根深蒂固最强大也是最重要的品质之一。 这种决心、这种毅力对我们所接手的几乎每一个项目来说，都是必不可少的。我时常在想那些劝阻我们的人，我们拒绝接受放弃。现在回想起来，那些时候正是我们完成最好工作的时刻。挑战并不是终点，反而是一种尝试，让我们找到新的解决方案。维持这种毅力和决心需要大量的时间和精力。

《建筑艺术》的读者，或是在读本书的你，可能会得出这样的结论：在我们热忱的驱使下，我们所做的一切都只会带来快乐。可惜事实并非如此。在你了解工作本质之前会遇上很多障碍，这会令人很沮丧。虽然这场拼搏值得付出努力和心痛，但是确实大部分事情是不必要的。虽然阻力有时迫使我们进行创新，有时它却减少了我们可以承担的项目数量，削弱了我们的影响力，甚至在最坏的情况下，削弱我们的工作潜能。整个团队需要付出很多。我努力激励每一个人，因为我想完成的成果太多，而且我知道一次次拼搏会产生质变。这就是为

什么奋斗可能会令人沮丧，因为我知道我没有选择的余地，但我的团队有。因此，我努力为每个人提供成长和创造的机会与环境，使她或他能找到满足感。该说的都说了，该做的也都做了，总而言之我想要奋斗，为了我自己也为了我的团队。我只希望我们能够全心全意地努力追求美和创造卓越。

我想在另一个方面让这段旅程变得轻松，也许仅次于选择正确的项目，那就是避开那些会阻碍我们实现目标或阻碍我们进步的人。几年前，我们西岸集团的二号人物朱迪和我签了一个影响了我们的生活和工作的"无混蛋"条款。这些年来，我变得更善于识别那些制造麻烦的人，并在必要时放弃一些项目，以防一个与我们的价值观相违背的人进入我们的世界。有些人永远不会有积极的作为，我吸取的教训就是你必须设法远离他们。虽然，有时你很难发现这类人，不过一旦你发现了，我对孩子们的建议就是尽你所能让他们远离你的生活。

很多这样的人都无法自我察觉，甚至他们往往不知道他们才是问题所在。虽然有时他们并不坏，只是他们的不安全感、他们的包袱和他们的自负使他们变成这个样子。如果你碰到这种人，在让他们介入你的生活或工作之前，你要慎重思考。当然，你可以利用这种思维来发现另一类人：找出和你拥有共同价值观、激情、智慧和改变世界的愿望的人，这非常重要。许多人在这个过程中扮演了重要的角色，他们对我们的成功至关重要。一旦发现这些人，就会把他们带到我们的团队中，让他们发挥重要作用，承认他们的贡献，并向他们证明他们的忠诚是有深厚回报的。

仔细挑选你的合作伙伴，把他们的利益放在你自己的利益之上，你会发现一切变得不同了。一个成功的项目和一个与优秀合作伙伴共同完成的项目相比，后者更有价值；合作的道路总是更加丰富多彩。我们非常感谢我们合作伙伴的支持和他们付出的时间、知识、努力和指点，正因为如此我们才能有如此多的创造。

在我被问到的最常见的问题中，第一个问题是："你最喜欢的建筑是什么？"第二个是："是什么让你开始做时装收藏？"第三个是："西岸这么小的一个团队怎么做这么多的工作？"第一，整个团队其实比大多数人想象得要大。第二，我们团队很出色，工作非常努力。第三，非常重要的是，西岸集团一直有其他企业团队和个人的支持，正因如此，我们才能完成更高质量、数量更多的工作。由于我们的项目变得越来越具雄心，它们实施的难度不断增加，这就是事物的本质。当我们避开陷阱以及设置它们的人时，当我们找到优秀的合作伙伴时，我们就会丰富我们的工作。我们决不能忘记态度对所有成功都至关重要。

Tokyo
东京
_____

如果我遇到的是第三个最常问的问题："西岸这么小的一个团队怎么做这么多的工作？"那么第四个最常问的问题就是："为什么你已经有这么多项目在温哥华、卡尔加里、多伦多、西雅图，那为什么要在东京进行开发？"要想回答这个问题，首先必须认识到，我对日本社会、日本文化，特别是日本建筑都非常尊重。"二战"以来日本取得的成是史无前例的。这显然是多种因素所致，但主要的可能是日本社会共同价值观作用的结果。

我认为，如果西岸要获得应有的声誉，那么我们必须列出能与当今世界最好的作品相提并论的例子，而这些作品大部分都是在东京建造的。我与一些人口统计学家和专家看法相反，东京的未来非常光明。世界各地的城市品质都在提升，而东京是世界上最大的城市之一，享有得天独厚的基础设施、安全、清洁的环境、文化财富、良好的政府和毗邻中国庞大的市场。最后，随着年龄的增长，我自然而然地会去寻求机会，去享受我正在做的事情。令我最快乐的地方是东京，我每一次去那里都非常享受。

将业务扩展到东京也非常吻合西岸的总体战略，最好的解释就是这里的房地产有独特的当地特性。成功取决于对当地的了解，所以对于要选择的发展地点我们非常挑剔。选择温哥华和多伦多的原因很明显，因为它们是世界上文化最多元和最宜居的城市之一，并将在未来主导加拿大的经济。西雅图，距离温哥华总部仅几个小时车程，这是美国增长最快的大城市，拥有强大的企业基础，包括亚马逊、微软和波音等全球领先企业。我也相信西雅图居民和许多加拿大人一样有很多超前的价值观。我觉得东京巧妙地和这三个我比较熟悉的城市形成了一个独特的互补关系。

关键的是，东京能让我有一种冒险的冲动，我需要保持刺激才能感到幸福。在温哥华、多伦多和西雅图，挑战和解决办法非常相似。在我们完成了许多项目，见过太多熟悉的情况之后，我们就会在它们的复杂性、质量和技术上寻求挑战。然而，在东京，我们面对一个全新的城市发展模式，几乎要求我们重新学习每一件事。每次前往东京的前一周我就开始兴奋，目前我大约每10个星期去一次，但当我们开始接手新的日本项目，北美的团队发展稳定时，我打算每月去东京一次，要么自己造一套房子，要么在赤坂项目拿一套公寓用来自住。

我们在东京的商业模式是双管齐下的。该城市的零售、机构和商业部门反映出了一个全球文化首都应该达到什么样的精致程度和应该有什么样的卓越设计。然而，由于某种原因，保守主义在住宅设计和发展前沿中盛行。但事实证明他们并非缺乏想象力和能力。就个人层面来讲，东京的独栋住宅在世界上都是引人注目的。也许在多户住宅发展领域上，才体现出了日本保守的企业文化，不犯错误的奖励就是升迁。我们相信，在这个人口超过 3500 万，相当于加拿大所有城市之和的大都市中，我们可以找到商机，我们可以成为这里最具创意的开发商，像我们在北美做的一样。

我们东京策略的第二个方向来自我们对于海外买家的销售经验，是他们最先开始发现东京的魅力。东京旅游业正在不断发展，很多新客源来自中国大陆、中国香港、中国台湾，新加坡和其他亚洲国家。东京五星酒店近 40% 的业务都来自于中国。我们相信，这些来东京的亚洲游客最后会被东京的魅力所吸引，在此购买一套住房，退休住宅或进行长期投资，类似于温哥华 1986 年世博会后的模式。

我们会看到这一天的到来。我们会从小项目开始，这也是我喜欢东京的另一个原因。我们的前两个项目，甚至第三个都挺小的，这让人感觉很自由。你可以用较小额的资产去冒险，因为你管理的人少了，时间周期也更短了。我想最终我们还是会回到大的项目中去，但我还是挺喜欢在这个市场上进行小规模项目，享受每一次的过程。东京的典型住宅项目大概分为两类。它们要么很小，在 20 ～ 50 户之间，要么就非常巨大，但都是精心建造，符合要求，似乎有望成为最高水平的背景建筑。这些建筑非常安全，与东京所有其他形式的建筑所展示出的创造力形成了鲜明对比。东京这个城市拥有这么多机会，我认为西岸集团能为东京的住宅市场注入新的活力。我期盼——确是希望，当本地开发商看到我们的项目取得经济上的成功，并注意到我们的工作所产生的反响时，他们也会变得更愿意去打破旧观念。

东京的赤坂项目，让我清楚知道了我想要实现的目标。在"未分层的日本"展览期间的一个晚上，我坐在费尔蒙特环太平洋酒店的咖啡厅里，我在餐巾纸上把我的想法向隈研吾展示出来。回到东京后，我们立刻遇到了日照阴影和形式上的限制。城市规划规定得很死板，所有的发展都受制于令人费解的规章制度。我们和隈研吾团队的第一次尝试是用日本传统的方法来解决这一问题，但想出了一个还没有上个开发商大胆的解决方案。很明显，这样的团队永远也无法摆脱这个框架，也永远也找不到创造性的解决方案。因此，我们开始了内部变革，我们的第一个也是最重要的贡献之一就是组建了一个新的团队。他们

经过反复地修改后终于提出了一个对东京颇具革命性地解决方案：它改善了公众的地面空间，优化了居民的视野，创造出令人难以置信的美。

将业务扩展到东京有这么多理由，何乐而不为？如前所述，房地产开发是一项高度本土化的业务，因此像我们这样的中型规模业务必须保持高度集中。此外，如果把温哥华、多伦多、西雅图和东京这四个城市的国内生产总值加起来，总和大致相当于英国或法国，高于俄罗斯、意大利和加拿大的国内生产总值。在许多名单上，温哥华、多伦多、西雅图和东京也被认为是世界上最具创新性和宜居性的城市之一。

如果我们要扩展这四个城市之外的业务，我的下一个选择可能是旧金山。它与北美其他三个城市有许多相同的特点，其邻近性、时区和吸引力自然使它成为我们下一个即将开辟的市场。主要的决定因素是要在加利福尼亚建立一支强大的队伍，这将为在旧金山和洛杉矶发展带来可能。或者，我们也许还是会将重点放在原来那四个核心城市，在纽约、洛杉矶或夏威夷只开发一个特别的项目。这也是我可以接受的。我们专注于此的另一个原因是，目前我们所在的城市受到全世界大量的关注和投资，这使我们能够证明自己的工作表现，并增加对良好城市建设潜力的兴趣。世界需要更多的范例，西岸愿意为美而战，在世界范围内提供比其他任何实践都多的创新范例。

New Challenges
新的挑战

在过去的几十年里，我们看到民族国家的重要性明显下降。我在《建筑艺术》中讨论的权力等级制度的反转正在加速。自 1600 年以来，民族国家一直是社会的核心组织要素，权力集中于国家政府。然而，像联合国这样的超国家机构正在失去影响力，是因为它们越来越受一些无关紧要的思想的影响。这种权力下放的部分原因是，国家间不再

像过去几个世纪那样进行战斗，因为现代武器系统意味着全面战争是不合理的选择。第二次海湾战争仅美国就损失了 4 万亿美元，更不用说人类、社会和文化方面的代价了。想象一下，这些钱对世界意味着什么——如果它用于对抗全球变暖、改变我们的能源基础设施、改善医疗保健和教育……我很清楚，旧的民族国家模式是无法弥补的，我们迫切需要新的组织原则。

城市很有可能成为这个我们需要的新组织的焦点。城市日益成为其所在国家的经济引擎，如今全球 GDP 的 80% 在城市中产生。人们会加速迁移，到了 2050 年，近 70% 的人将生活在城市里。城市之所以成功，是因为人们就近工作时更有生产力，而且更能够可持续地生活。城市居民的反馈几乎是即时得到回应的，因为城市治理更加灵活、响应迅速，并且与市民的日常生活息息相关。凭借共同的价值观和利益，大城市现在正在相互寻求贸易、投资和文化交流，以分享最佳实践经验。毫无疑问，组织良好的城市居民受教育程度更高、更健康、更富有。在多元化和国际化的城市中，有民族主义、民粹主义和反动主义倾向的居民也更少。

那么，国家政府应该扮演什么角色呢？在超国家层面上，政府应重点防止对地球的破坏。中央政府在解决全球变暖和环境破坏等问题上至关重要，因为它们的管辖权跨越国家、省或边境，它们有能力在全球层面上进行谈判和合作。中央政府也应该减轻社会阶层和国家之间的经济不平等。显然，现在仍然存在重大挑战，需要政府高层采取紧急解决办法。

所有这一切都与西岸集团息息相关，因为它使我们的工作变得更加重要。世界各地的城市都在学习我们在温哥华和多伦多的成功经验。良好的业绩使我们更有话语权，显示我们在可持续性、社会和文化进步方面的领导地位。我希望西岸能在我们过去举办的展览、活动和政策参与之外继续巩固领导地位，同时扩展我们创造和实施良好的城市政策的能力。

除了从温哥华到多伦多、西雅图和东京（甚至在加利福尼亚之外）的业务扩张之外，西岸在中期探索的新领域又是什么呢？几年前，我们开始建造一系列专门用于出租的房屋，用了我们在豪华公寓项目收入中相当大的比例来投资建造自己的租赁房。这从长远角度看是合理的，因为利率仍然很低。虽然这让我有些尴尬——在加息预测与时间判断上，我一直在犯错误，但是这种情况不会持久。尽管如此，利率上升的可能性比下降的可能性要大，所以我们继续锁定利率。

我们未来五年的目标是在温哥华、卡尔加里、多伦多和西雅图开发约 8000 套租赁房（体量相当于 5000 套永久产权房）。我们相信，租赁大楼对高质量设计的需求与所有权房屋是一样的。我们还认为，随着高质量的商业地产所有权继续整合到机构和房地产投资信托基金领域，我们应该能够超越我们的竞争对手。伴随着我们长期运行的商业地产项目，我们希望租赁房能在经济的起伏中给西岸提供坚实的缓冲，具有讽刺意味的是，这将使我们在其他领域承担更多的风险。

此外，西岸集团还处于创建一个独立的经济适用房集团的早期阶段。在温哥华、多伦多和西雅图，住房负担能力是市政府面临的最大挑战之一。这三个城市都在持续吸引着国内外的新居民，因为它们在北美的宜居性和就业机会都是最高的。对住房的持续需求量压倒了供给，住房成本承受力继续恶化。询问这三个城市中任何一个软件公司高管，他们都会把住房短缺列为公司效益增长的首要障碍之一。地方政府用以减轻这些挑战的资源有限。各省和联邦政府也面临同样的问题，人口老龄化和医疗费用在不断增加。

解决方案非常复杂。如果我们想超越现有住房的供应量，私营企业自然会倾向利润最为丰厚的领域，那么，就需要在各级政府部门的通力合作下，引导私人资本直接进入经济适用房投资领域。在找到解决方案之前，需要尝试无数不同的模式，才能取得不同程度的成功。我认为西岸之前和政府合作过程中获得的经验和知识，可以让我们为应对这一挑战带来一定程度的艺术性和创意性。我们并不认为经济适用房就是前景惨淡的，霍德商城和科尔多瓦 60 号就没有令我们失望，我们已经证明了我们有能力提高这方面的标准。我们设计这些项目的创意同样也可以应用于它们的融资。幸运的是，这正是西岸集团的长项。

一段时间以来，我一直在考虑对经济适用房的开发，但因公务繁忙而无法抽身对这方面进行深入探索和挖掘。然而，如果我们要充分履行我们作为城市建设者的潜力，那么这是一个我们必须承担更大作用的领域。我认为我们需要一个独立的团队，专门负责这项任务，在三个城市开展工作，分享不同的设计模式和最佳的实践体验。开发独特的品牌将使我们能够将独特的实体与独特的产品区分开来。但这支独立团队仍将是西岸集团的一个分支，我们在设计、采购、会计、管理方面的专业知识会为其提供直接帮助，我们和创新能源公司进行的合作所带来的一些益处也会助其一臂之力。区域能源将成为使这一新投资组合真正实惠的要素之一。至关重要的是，该团队还将充分诠释我们工作实践的核心内容：创造性、高绩效性和将文化注入每个城市的城市结构中，致力于塑造更公平、更美丽的城市。这个新经济适用房小组——创意住房协会，已于 2018 成立。

我属意的下一个投资机会是学生公寓。目前还没有一家供应商对这个领域进行大规模开发。加拿大约有 350000 名国际学生，其中三分之一来自中国，近 100 万名来自美国。加拿大排名前第三、第四名的大学和美国排名前 20 到 30 名的大学都吸引了大量学生前来，他们的家庭都愿意为自己的孩子支付精心设计、管理良好、安全可靠的住房费用。凭借我们在酒店、豪华住宅、租赁房屋方面的过往成功经验，以及我们对亚洲消费者的深入了解和我们的品牌越来越被社会大众所熟知认可，我们一定可以在学生公寓这个领域作到出类拔萃。我再次看到了我们西岸团队独特的运作潜力，相信它会再塑辉煌。

第五个我最常被问到的问题也许是："西岸的名字源自何处？"我的好朋友肯和我最初是在 30 年前想出这个名字的。我清楚地记得，当时，除了西岸这个文字图案本身的吸引力，我更喜欢其中的寓意，那就是我们已经从一家开发公司转型为一家贷方公司。彼时我就已经意识到，发展是年轻人的游戏，在西岸集团的发展过程中，我们应该运用我们的丰富经验为年轻的房地产开发商提供令人信服的指导。我们有将近三十年的复杂建筑项目的设计开发经验，从而打下了我们在融资、借贷和与各种金融机构合作的坚实的专业知识基础。凭借我们对房地产业的了解和与贷款人的密切关系，我们现在有充足的能力把我们的优势发挥到更高水平，也乐意帮助那些更年轻的开发商分享我们的价值观。这样去做，我们便可以向他们传递我们对美和城市建设的核心承诺，同时不断拓展和增加西岸集团业务平台的覆盖范围。

我们可以向较小或较年轻的开发商和第一按揭贷款人提供许多帮助。随着时间的推移，如果贷款人在复杂的长期项目中需要帮助，出借方将因我们的介入和担保而增加信心。西岸集团身为城市规划者的良好声誉有助于推动项目通过的过程，由西岸集团直接参与市场营销亦可令项目变得身价倍增。我们将一如既往地只与少数开发商建立贷款关系。在我们已经开展工作的城市中这样做，有助于把拥有相同价值的城市建设者们组成一个严密的体系。根据每个开发人员的实力和项目的需要，我们可能会扮演一系列的支持性角色，如夹层贷款、合作伙伴、担保人或某种组合。我设想在三到四年内启动这一贷款机构，并与我们西岸集团的一些长期合作伙伴共同利用这个机会，把该业务做大做强。

我们还将有许多其他的机会来使西岸集团的影响最大化，并渗透到我们不同方面的实践中。对于所有参与西岸集团实践工作的年轻人来说，这将是一种令人兴奋和兼容并蓄的职业机会。这些年轻人比以往任何时候都希望有机会去过一种充满激情的生活，同时拥有不断探索和成长的空间，即使我自己的三个孩子也不例外。这让我想起了我第六个最常被问到的问题："你希望孩子们参与进来吗？"我绝对希望他们能够参与。在过去的六七年里，这一直是我发展西岸集团的主要推动力量之一。跨时代的良机激励着我砥砺前行，我相信西岸集团的事业将是长期的努力和付出，我们建设的优秀建筑资产将会长存几个世纪，而时间将会给出它们最公允的评价。我希望能对我的孩子们以及西岸的整个团队灌输一些东方设计的理念，从而打造出一些真正具有持久价值的美好建筑，而不仅仅是效仿西方的建筑理念，把设计重心放在建筑的体量而不是建筑的弹性上。

从一个非常私人的层面上说，我执着于此番事业的动力不仅仅来自激烈的同行竞争，还因为我知道，我们完成的每一个项目都会为我们的功勋簿上增加新的一页，它们的价值即便在我有朝一日离开这个行业之后依然会焕发异彩，而这种价值取决于西岸集团能够为我们工作的城市作出越来越多的贡献。我们需要保持和拓展西岸集团早已定义的核心价值观：保持谦逊、保持慷慨，并始终坚持对美无止境这一理念的不懈追求。至关重要的是，我们必须确保这些价值理念得以注入我的孩子和就职于西岸集团的每个年轻人心中，从而激励他们继续把我们的事业传承下去并发扬光大。

最后，我坚信，我们值得付出所有去追求美无止境。如果它得来容易，那任何人都能做到。但对我们来说，一个又一个新的挑战让我们不断考验自己的能力并不断精益求精。一切都只关乎态度：我们自身的缺陷是可以限制我们，但同时也可以指引我们去思考更有创造性的解决方案。我真诚地相信，没有我们逐美之路上的艰难险阻，就不会有我们最终打造出的那些价值连城的美好建筑，更不会有我们内心深处巨大的成就感。

所以，让挑战来得更猛烈些吧！

洋红色

如果说品牌是一个公司特性的重要体现，那么我想，洋红色就代表了西岸集团的所有特质。

在 2004 年，我和特里为西岸集团设计了一个实际上根本称不上是徽标的新徽标。它是用洋红色印刷的小写字母，迄今为止，西岸集团使用这个徽标已将近 13 年。在西岸集团不断发展壮大的过程中，我们始终秉承着当初我们选择洋红的时候，这个颜色背后所代表的价值观。我们在本书扉页的文章中阐述了代表西岸集团企业特质的品红的具体深意。

早在几年前我们就发现，当时的房地产开发行业所盛行的做法是与我们西岸集团的价值观背道而驰的。那么我们的价值观到底是什么呢？某种程度上讲，我们的价值观是倾听人们内心的愿望，而不是高谈阔论，把我们的观点强加于人。我们的价值观还是敏感地去体察我们赖以生存的周边环境，而不是试图支配环境。同时，我们的价值观强调建筑应该是富有情感的艺术表达，而不仅仅是冷冰冰的房子。正因如此，我们用小写字母塑造的这个毫不张扬的徽标，充分表达了让建筑不须凭借大力的造势宣传，而是靠自身的感染力去打动人心的西岸集团价值观。有些人可能会认为洋红代表着女性气质，也许是有一点，但我深信它更诠释着贯穿我们所有建筑作品的那种敏锐和激情。说到底，敏锐才是创造力的先决条件。

赤坂，2021 年
日本，东京
隈研吾建筑都市设计事务所

　　赤坂项目是我们"空中十五宅"系列
中的一项。这是一个现代化树屋，一个适
合现代化生活的抽象宝塔。个体化和共享化
体验共同决定了这个杂交建筑的特性，那
是独户住宅和多单元住宅的混合。这个项
目汇聚了西岸集团的梦想，隈研吾及其合
伙人的乐观精神，还有应对场地复杂需求
的精妙和谐处理。整个建筑无论从竹林般
的入口水池到大堂的地下中庭花园，以及
"树干"内可移动电梯的前厅和电梯外的
门厅，都充满了日式住宅的空间元素。在
进入每一套公寓之前，回家的感觉已经非
常浓烈。经验层面来说，项目设计通过内
外空间无缝融合，以充分利用自然元素刺
激所有感官。角落里没有柱子，且空间开
放，拥有全景景观和充足的光线；风穿过
风铃组成的"声幕"，雨水从台地上落下。
诗意通过一系列优美的卷曲金属叶片得以
展现，暗含了树干的美感和武士刀的精密
艺术，复杂的建筑结构就这样隐秘其中。
建筑最终看起来在工艺以及文化层面上已
经超越了传统公寓，为我们创造了适合当
代的生活方式。

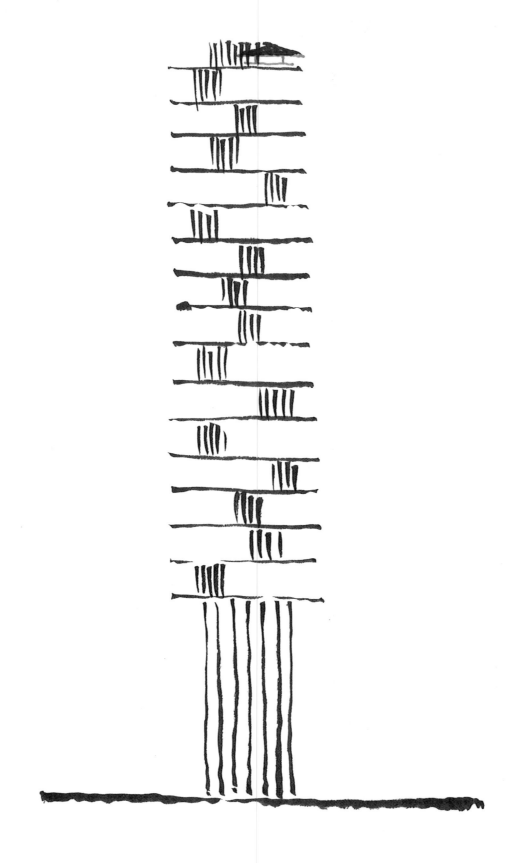

ARASAKA   2017. 07. 14

2017. 04. 03 AY

BRIDGE ENTRY
2017. 04. 18

阿铂尼 1684，2022 年
加拿大，温哥华
谭秉荣建筑师事务所

　　我们的另外一个项目是谭秉荣建筑事务所的谭秉荣先生与维内林·考克劳夫先生合作的最后一件作品，也就是阿铂尼 1684。这个项目展现了一种灵感迸发而又极其优雅的设计思路。我们希望阿铂尼 1684 的设计是令人耳目一新、兴趣盎然且鼓舞人心的。这座 39 层的大楼旨在为周边社区带来高贵、优雅和美的感受。

　　我们在设计上采用了重复的形式去表达强有力的建筑理念，令其从功能和美学角度均赏心悦目，最终形成了独特的竖向朝上的外骨架。在不改变建筑形式和材料的前提下，该设计充分体现出建筑的纯净简洁，呈现出一种既令人感到宁静又充满动感的设计之美。我们原本打算保留该地块的一栋租赁住宅楼，以应对温哥华出租房屋严重短缺的社会现实。然而，尽管我们此举颇具社会道德和公益效益，但一些城市规划者依然囿于旧有的政策观念，未能高瞻远瞩地令其通过审批。在重新设计这个项目时，我们想出了办法，让塔楼和裙楼的外骨架延伸到一个阶梯形的平台上，从而打造出带私人泳池的大型复式空间。这样，我们用精妙的设计而打造出的阿铂尼无疑将雕刻出温哥华上空最美丽的剪影，我深信这栋建筑独特的骨架外观将为这座城市创造一个新的视觉地标。

　　随着温哥华市中心最西边的阿铂尼 1684 项目的加入，我们离让人们在通向温哥华市区的每一条门户通道上都可以欣赏到西岸集团的作品这个宏伟目标只有一步之遥了。这是我们在这条街上建造的第八栋建筑，它大大提升了我们在阿铂尼项目上所展示的建筑美学思想的影响力。现在，阿铂尼街俨然已经成为温哥华最受欢迎的住宅区之一。

百老汇商业区，2022 年
加拿大，温哥华
谭秉荣建筑师事务所

　　百老汇商业区对于公司以及温哥华城区都极为重要。作为谭秉荣先生和西岸集团合作的最后一个项目，我希望它会成为谭秉荣先生为人们在城市建设方面留下的宝贵遗产。百老汇商业区坐落在加拿大西部最繁忙的交通枢纽中心，为在温哥华乃至全世界建立一个以交通为导向的混合功能项目提供了机会。随着越来越多的家庭放弃开车，转而选择居住在市中心，我们急需找到创新性的方案去解决城市关键地段的居住密度剧增的问题，但是与此同时，还要保留这些社区原来的独有特质。

　　百老汇商业区就是我们试图去同时满足这两个亮点需求的创造性尝试。我们的大胆设想是试着把托儿所和创意零售及工作坊结合，混合了住宅和谭秉荣先生所设想建在 the Cut 的公共广场，我们希望这个项目将为温哥华历史最为悠久的街区之一 —— 百老汇作出持久的贡献。我请求谭秉荣的团队在设计百老汇商业区之时把目标专注于年轻的群体和家庭，从而创造一种新型的都市家庭生活模式。那些半私人的户外绿地空间既让人联想到前廊，又为孩子们打造了专属的安全游乐场地，相互交叠的家庭边界亦使邻里之间有更多机会彼此交流。总共 600 多户单元被分成 4 块台地建筑，其灵感绝大部分来源于周边社区的建筑。我们增加了前门入口、后院和车道，加大了通道和出口楼梯的空间，使得新鲜空气和阳光得以进入，形成了一个令人愉快的空间，这种空间开阔带来的愉悦之感将在您每一次的出行或归家之际陪伴左右。这种户型营造出的是一种幸福而舒适惬意的社区氛围。

　　我们的目标是把这种不拘一格的活力不断拓展到城区南部，在高速交通附近创造一种独特的零售和公共空间。这个新的混合功能项目的开发将为温哥华带来更多活力和多样化，并成为人们进入温哥华的迎宾式门户建筑，更可在节日和庆典之时让人们领略它的与众不同之美。

戴维和西夫韦，2019 年
加拿大，温哥华
恩里克斯合伙人建筑事务所

　　位于戴维街的这个项目是我们和 Crombie REIT[①] 的第一次合作，但却是和西夫韦的长期高效合作的延续。我们和西夫韦（Safeway）上一个合作项目格兰威尔 70 街在各方面都很成功。我们这次将在新的西夫韦超市上层建造 318 间租赁住宅，新的西夫韦超市是加拿大一个重要的便利场所。戴维离劳伦公寓和彭德雷尔街非常近，这些项目给我们在西雅图、卡尔加里和多伦多的租赁房项目带来了良好的开端，我们的中期目标是建造 8000 个租赁房单元，我们希望和 Crombie REIT 建立一个长期高效的合作关系，他们也是我们百老汇商业区项目的合作伙伴。

① 加拿大房地产投资公司。

彭德雷尔街，2018 年
加拿大，温哥华
恩里克斯合伙人建筑事务所

　　我们在西区正在进行的三栋新建租
赁房和刚刚竣工的一些建筑都有独特的
外观，随着时间的推移，每一栋建筑都
能形成自身独特的标识。我们想从各个
方面把酒店建筑的一些实践应用到这些
租赁房建筑上。除了设计品质和施工质
量，我们还想让这些建筑达到新的服务
水平，和其他建筑区别开来。在彭德雷
尔，我们继续推行我们所在做的公共艺
术项目，这是西岸集团大部分作品的特
色，这次我们请来了艺术家萨缪·罗伊－
博维斯（Samuel Roy-Bois）。他的铸
铝雕塑非常契合场地，反映了西区从野
生动物的聚集地转变为现代居民的居住
地的速度。雕塑引入了维多利亚时代建
筑的肌理和自然图案。从建筑层面上来
说，考虑到彭德雷尔附近区域的悠久历
史，我们在西立面的外观上添加了流动
的帆形遮雨棚，这就让它有更接近英格
兰海湾的感觉。写本书时，我仍然在思
考该项目的名称……

5055 乔伊斯街，2021 年
加拿大，温哥华
帕金斯－威尔公司

　　我们在乔伊斯－克林伍德区第二个项目的灵感来源是乔伊斯街周围的那些小型住宅。该项目的设计充分结合了西北地区现代化的轻质结构体系，以及航海文化概念和现代预制构件的设计特点，整栋楼呈现出优雅的形态。整栋楼外观优雅美观，并且隔热节能。裙楼、中部、楼顶体现了动态的垂直形式，营造出张力十足的外观特色，使得乔伊斯街、北岸山脉和温哥华市中心的环境有机融合在一起。

　　轻巧的阳台设计为户外起居室添加了 6～10 英尺的纵深空间，沿袭了旋转塔楼的设计形式，既突出了建筑设计风格上的大胆，又为居民们种植花草提供了有一定遮挡的私密空间。阳台由轻质的钢制悬臂构成，悬挂于钢缆之上，仿佛是建筑外墙上几乎透明的一层纱幕，最大限度减少了热传导。散置在楼中的双层挑高空间和重叠的阳台为邻里之间的交流提供了场所。

　　塔楼的底部是零售商业空间，有一个直面乔伊斯街的大堂。开放的公共大堂和咖啡厅面向一个新的公共广场，从这里到位于规划社区二三层的公共图书馆之间可直达轻轨。塔楼顶层的康乐设施空间的层高是普通楼层的两倍，设有公共休息区和一个拥有全景视角的图书馆。休息区外的室外游泳池周围环绕着悬臂式的休闲露台。楼顶和露台的设计是多种艺术风格的呈现和融合，这一切将使乔伊斯街 5055 号成为附近地区当之无愧的新地标。

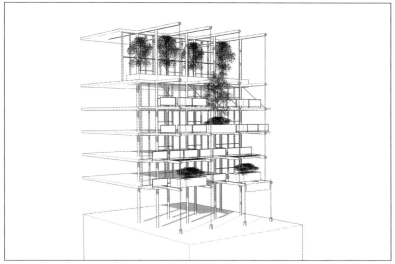

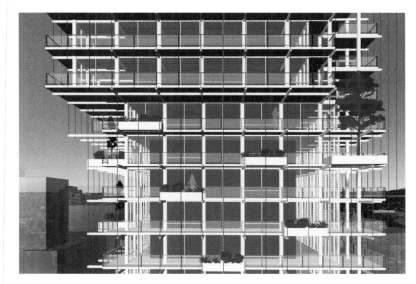

美因 5 号，2020 年
加拿大，温哥华
恩里克斯合伙人建筑事务所

　　有一件事我一直很纠结，就是房地产商其实是世界上最古老的商业（我不太确定，可能是第二老的商业）。有时候我担心我们处在一个老工业中，而要传承的其实是属于另一个世纪的。因此，在过去的几年，我们努力成为一个科技型的地产商，而现在我们已经是温哥华最大的科技产业楼主之一了。这样一来，我们可以参与并投资于新经济的增长，并且有望促进这一转变。我们之所以对美因五号感兴趣，是因为关注到了加拿大新经济状态下最亮的闪光点之一，也就是瑞恩·霍尔默斯和他的公司：互随（Hootsuite）。我们和瑞恩缔结了合作关系，双方都想在都市中建立一个科技企业园。关键的挑战是，我们能否将这个产业园做得比以往的都要好。所以对于我来说，除了在温哥华建立最好的科技园之外，项目的成败与否关键在于我们与瑞恩的合作关系，和其他入驻产业园的公司能否推动西岸集团在新兴经济中的地位，并帮助我们对新兴经济的理解。

斯图尔特 1200 号，2021 年
美国，西雅图
恩里克斯合伙人建筑事务所

自从西夫韦公司第一次向我介绍这个地块，迄今为止我已对其进行了长达 15 年的追踪研究，直至终于在这里开启了我们在西雅图的第一个项目。这也是我们与来自西雅图的鲍勃·沃森先生（Bob Watson）的首次合作，该合作关系缔造了弗莱项目并为我们西岸集团进军西雅图谋求到一位重量级的合作伙伴。这是我们在西雅图集中开展工作的绝佳机会，我相信这将成为我们合作的长期核心关注点。西雅图的面积是温哥华的两倍，大量世界一流公司在此入驻，而它的城市化进程却尚处于早期阶段，对我们而言，这无疑是一个绝佳的机会去深入开展城市建设，并为这座美国发展最快的大城市创立新的城市建设的标杆。我们笃信，西雅图的发展将在接下来的十年间赢得万众瞩目，其城市发展进程足以匹敌温哥华和多伦多。

斯图尔特 1200 号占地近 120 万平方英尺，是我们迄今为止列入日程的最大单期项目。该项目由恩里克斯合伙建筑师事务所设计，其设计纲要就是在让斯图尔特 1200 项目为城市提供流动性的同时，亦令城市天际线平添一丝人文气息。这个项目本来就有很多吸引我之处，当我们诚邀到迈克尔·西肯斯和埃斯特班·奥克格维亚来设计这个项目的商业街廊，无疑更加确保了斯图尔特 1200 有朝一日将成为西雅图的地标性建筑。它是那种让你为之宵衣旰食、殚精竭虑、去思考其无穷潜力的项目之一。

就这样，我们很自然地在西雅图开始了第一个项目，由格雷戈里（Gregory）担纲建筑师，格洛特曼·辛普森（Glotman Simpson）担任结构工程师。我们和这些公司的合作伙伴关系已长达数十年之久，我们了解他们的工作，他们亦理解我们的愿景；我坚信，我们彼此之间的合作能够走得更远。我们期待着在这片全新的市场与西雅图本地设计团队携手并进，大展宏图。

斯图尔特 1200 号的商业廊

现在的西雅图是亚马逊、微软和星巴克这些大公司的天下，曾经单单是波音一家公司就撑起了普吉特湾的经济。波音公司在一个多世纪之前在西雅图建设了第一家工厂，可以说是美国历史上最具代表性的公司之一。直到现在，波音仍然是华盛顿州最大的雇主。就像福特汽车改变了整整一代人一样，波音公司在我们这一代也扮演了同样的角色——它的飞机简直连接了整个世界。

尽管波音公司在西雅图的历史和经济中都发挥着不可或缺的作用，但它在市中心却缺乏独特的影响力。斯图尔特 1200号的商业街廊拥有独特的几何外形设计，该设计非常引人注目，其外观仿佛是一架空间经过重新设计的波音 747 飞机。我们的设计就好像一架被拆解的波音 747，把生铝机身作为一件公共艺术作品完全暴露在外。后部的零件以及起落架装置和飞机的机头都完整地保留下来，只有机翼因为空间的局限性而被削短了。受波音公司在西雅图的历史和其独特的空间形状的影响，我们的设计将诸多元素有机地结合了起来。我们希望飞机内部的空间可以被利用起来，目前是把这里设计成由大块木板饰面装饰的休息空间。飞机的机身被打磨得铮亮，光可鉴人，内饰里富有表现力的木板则给人触手生温之感。

西雅图和波音公司通过航空领域的成就将世界连为一体。一位加拿大开发商在西雅图开发了一个项目，他将一架波音飞机带到斯图尔特 1200 号广场，这个想法的由来缘自东京。如果此前西雅图和波音公司毫无联系的话，那这一切都不会发生。波音 747 被誉为"空中女皇"，它是典型的波音飞机，其本身就是一个典范。将整个 747 的机身搬进我们的项目中，正是让波音有机会展示自己的传奇故事，展现西雅图城市的历史。

植物学家餐厅

植物学家餐厅的最初灵感来自于西岸的一系列互动，通过这些互动我们了解了实践工作的理念，也开始理解西岸重视的一些内容。他们对于艺术、设计还有音乐的热爱在很多方面都有明显的例证：他们有自己的公共艺术作品集，与法奇奥里合作制作钢琴，并且不断地扩充时装收藏，等等。有了这些启发后，我们对场地进行了进一步了解，便有了温室这个理念。这个空间本身就具有温室的很多特点，窗户建在整个东面和北面，二楼的温室可以让植物、食物、艺术和音乐和谐共生，完美无缺地阐释了我们的设计美学理念。

虽然温室的概念有助于我们的设计，设想将不同的空间联系起来，但是我们还想增加餐厅里每个布局的神秘感和个性化。在这里面你会发现大主题下还有几个小概念。香槟酒廊的设计色调明亮而轻快，符合大众的审美鉴赏，而鸡尾酒吧以及与其毗邻的实验室的设计风格则令人联想到暗黑隐秘又不乏浪漫的炼金术，户外的花园露台和布满整个空间的繁茂的垂吊植物打造出一派温室的景象。饭厅是整个餐厅的核心位置，所以这里的设计更加现代化。很多细心的顾客就会发现我们从瓦伦·普拉特纳（Warren Platner）设计学校得来的灵感，植物学家餐厅的窗子是全世界最有标志性的。另一个同样重要的灵感来源是亚瑟·埃里克森（Arthur Erickson）和他那备受尊敬的合作者，弗朗西斯科·克里帕茨（Francisco Kripacz）。从曲线形的家具、玻璃制品和金属制品上就可以看出这些影响的印记。植物学家餐厅旨在向东北太平洋现代艺术致敬，其中，克里帕茨和埃里克森的作品便成为我们的指路明灯。

最后说一句，我们在这个项目中得到了很多快乐，虽然听起来很老套，但是我想说，正是因为我们有足够的自由，获得了足够的信任，才能创造美丽和独一无二的事物。在创作之时，我们享受其中，对作品充满自豪，所以当看见项目能够引起大家如此积极的反应，感觉一切都是值得的。

克雷格·斯坦盖塔（Craig Stanghetta）
负责人兼创意总监，苏圣马丽市

费尔蒙特环太平洋酒店的业主套房

无论何时，我们在费尔蒙特都有十几个正在推进的项目。可能是一个新的艺术作品，也可能是一个新的健身房，或者是一个餐厅、新的客房。在业主套房这个项目中，我们尽力想营造家的感觉。我们并不想让酒店的客房像其他酒店或者只是一个短暂居住的场所那样，所以我们加入了很多私人化的艺术品，音乐、文化产品和时装，所有的这些都让我们的生活变得丰富。举个例子，我们每个客房的音乐唱片选择都是根据客户量身定制的。

单车旋转木马

费尔蒙特环太平洋酒店的单车木马设计过程经历了反复的试验和试错。我们和温哥华一家木作设计公司 Chapel Arts 合作，在最终作品成形之前我们经过了许多次灵感迸发的瞬间。最开始我们想的是将单车与摩天轮结合，以代替单独的车厢或长凳；之后我们设想了一个悬挂式输送机系统，就像干洗店看到的那种。在创作过程的每个阶段，我们都在努力创造一些能够为所有遇到它的人带来欢乐和兴趣的东西。随着设计不断推进和酒店的要求得到充分发掘，我们最终将方案定为旋转木马。旋转木马契合空间，在酒店入口外的水池上旋转，既实用又美观。在 2017 年的 8 月 16 日，Chapel Arts 使用老式拖车完成了这架由桃心木复合板制成，内部人员设计和制造的旋转木马的安装。

这款旋转木马工装载 18 辆宝马定制的电动自行车，由费尔蒙特环太平洋酒店的自行车管家进行管理。每一辆自行车都有独立的锁具钥匙和唯一的激活卡。管理员用这些卡就可以启动顾客的自行车，并且转动旋转木马解锁或者是归还车辆。每一辆车都有定制的车灯，方便管理员识别和操作，使其驶入转盘入口。

Chapel Arts 最擅长独一无二的个性化设计，通常设计家具，但是有时也会接下一些有吸引力的特殊的项目。他们为我们设计的旋转木马就是独一无二的，这是我们共同努力的结果，旨在使自行车的停放变身成一件艺术品。

西格鲁吉亚 400 号，2020 年
加拿大，温哥华
西岸集团

这是我们和迈克尔·西肯斯和埃斯特班·奥克格维亚合作的第一个项目。他们之前在隈研吾建筑事务所工作，也是在那时认识了西岸。这个项目的设计理念是这样的：我一直觉得当每个人下班回家后，写字楼就会变成一个个冰冷的空壳，这让我很苦恼。所以我想设计一个能使写字楼功能多样化的方案，比如把它设计成一座雕塑。这样一来，不管大楼里有成千上万的人还是空无一人，它都依然会为城市增添活力。还有一点就是，温哥华现在的创意产业正在爆发式发展，所以我希望它能够反映出温哥华的经济变化。于是我就向温哥华市政府，我们的设计团队、结构工程师以及采购部提出了挑战，希望一年半之内建成具备这种设计理念的大楼，而不是三年。而它将成为我们第一个包括核心筒、上层构造在内，所有部位都是纯钢结构的建筑。

当我们向西肯斯和奥克格维亚提出重新考虑西格鲁吉亚 400 号项目设计方案时，他们就知道我们需要的是创新型思维。现有的设计从头到尾都很平庸，无论是细节还是大的结构方面都没有出彩之处，整个建筑就是毫无生命的空壳，毫不起眼。虽然这栋大楼占据着温哥华市中心绝佳的地理位置，但是却没有能力增添城市的生机。

我们给建筑师看的透视图就是一个简单干净的玻璃塔楼。乍一眼看上去，这个建筑的设计已经达到了极限。然而他们又会发现建筑体量受到来自各个方向的阻碍。而事实证明，这些挫折是由前任建筑师进行的故意调整，旨在与地平面上的几个路线共振。由于大多数受阻碍的设计是不被推荐的，显然还有许多其他设计方法。

一个简单的研究启发了我们建造玻璃塔楼的设计思路。我们发现多个小型压制品的结合可以达到同样的建筑密度。越小的玻璃方块压制品重量越轻，完全可以层叠放置。为了增添这种抽象立方体的美感，我们引入了翠绿的景观植物，与玻璃立方体相映成趣，形成犬牙交错之美。最终，这座建筑演变成一个悬臂式的雕塑式建筑和数个垂直型的花园。

从租户的角度来看，现代化的办公大楼应该提供全景落地玻璃窗、阔达的空间跨度以及灵活可变的内部空间。租户完全预料不到自己竟然还可以拥有可以俯瞰整座城市的玻璃地板、悬垂式屋顶露台和垂直花园，更可纵览远山之秀丽景色。所有这些设计都是通过重新安排而不是放弃传统的玻璃盒的设计来实现的。

这种装置不仅是一种反射装置，而且反映了我们今天建筑中的传统表现。我们相信物理模型或图像不仅仅应该完整展现建筑物的竣工形态，更应该展现建筑的本质。为此，我们想找到一个方法，让模型推进而不是打断我们的思维过程。

这就让我们创造一些我们无法完全控制和理解的结构。然而，它们却成为我们灵感的来源，让我们和合作伙伴都看到了设计背后的思维过程，并采取相应的措施。从这个意义上讲，让像艾玛·彼得斯这样的外行人来观看我们的作品并拍照，能让我们从新的角度重新审视自己的作品。

不能用图像去呈现的新思路是不完整的设计。摄影文化深受视觉艺术之影响，所以它很快便成为推动我们设计的重要一环。

摄影将我们置于观察者的视角。通过镜头，您可以更清楚地看到事物，并对细微变化更加敏感。当你专注于一点，把其他的都抛开，你对所观察的事物就会更深入地了解，会发现很多最初被忽略的东西。当这一重要的时刻到来的时候，你就会竭尽全力去捕捉它的美。

照片成为我的记事本，所有的客体都在镜头中形成影像。这就是我们在某事、某刻以自己的力量去"影响"这个世界证据，所有这些照片都在时刻提醒我们去为了我们的目标而不懈奋斗。让我们明白自己到底是在追求什么。

最重要的是，每一个看到建筑的人都在脑海中留下了深刻的印象，而不是仅仅看到了一个单纯静止的物体。

——建筑师 埃斯特班·奥克格维亚

西格鲁吉亚 400 号模型

　　我很佩服那些能够反映自然环境的建筑。这个模型令人叹为观止，每一个转角都反映出来周边的环境。每一次重新摆放的时候，无论角度多小，都能实现全新的视角。这就让我拍出来的所有照片都非常不可思议，令人满足。我感觉我能不断体会不同光线和位置所带来的变化。我很想看到夕阳映照，看到山峰、海洋，还有人。我一直想有一个迷你版的模型，提醒自己生活总是充满出乎意料的映像，我们需要的只是寻找这些映像。

　　——摄影师艾玛·彼得斯（Ema Peters）

附言

　　这一章是我从威尼斯的艺术双年展回家时写的，这让我真的感觉到，如果没有一个繁荣的文化环境，世界将会多么令人悲哀。同样令人悲哀的是，人们对艺术性的追求并不是很强烈。这恰恰证明了这场逐美之战是多么重要。我们生活在一个冲突不断乍现的世界，随着新技术的爆炸式增长，我们面临着人文主义的巨大挑战，同时也面临着巨大的机遇。文化是两者的根源，它是人类的核心。文化是我们表达自己和丰富生活的方式。因此，在当代社会，我们应该尽一切可能迎接美带来的挑战并让美提升我们生活的各个层面，这比以往任何时候都重要。

　　我对这本书的一个期望是强调美在我们生活中扮演的重要角色——在所有文化中都是如此。我们不应该把美视为理所当然。我们所有人都应该有更高的追求，必须更加努力区分美与不美。美有多种形式：思想、自然、数学、音乐以及各种艺术形式都有美。重要的是认识到美，保护美，创造美，时常发现美。只有通过美，我们才能面对挑战，才能找到解决世界上最迫切问题的途径，并推动文明进步。在这方面，美并非奢侈品，而是必不可少，不可或缺的。美无止境，且价值无限。

影片制作者卢卡斯·董和《美之谜语》的创作者斯卡纳·科伊琴之间的对话。

卢卡斯

西岸集团的"美无止境"项目激发了我拍摄这部电影的灵感。我和我的团队被这个项目深深打动，最终决定以两位艺术家为主题展开拍摄，他们分别是视觉传达艺术家特里斯特·塞西莱（Tristesse Seeliger）和作家兼口语艺术家斯卡纳·科伊琴（Skane L.Koyczan）。

斯卡纳

我不想创作庸俗之美。我要创作的是让每个人都可以发自内心去赞叹的美。我心中谨记我要创作的是"一首献给美的情诗"。我越是思忖斟酌，就越是能够更充分地体会到"美"所涵盖的所有品质。

卢卡斯

我仍记得当初西岸集团创始人伊恩对我谈及他对建筑的美好愿景和他感受到的紧迫感之时，我是如何深深被他感动，这也是我在影片制作过程中想要拍摄让斯卡纳直接与伊恩通话的初衷。让观众得以聆听两位在各自领域卓然不凡的创意人士因"美无止境"的重要性和紧迫性而达成共识所进行的一番精彩对话，是多么棒的一件事。

斯卡纳

美是摄人心魄的。我们所有的感官都会驻足欣赏美。无论是舌尖上的美味，还是街头艺术，一缕幽香，一丝肌理，抑或是初闻一首歌曲的前奏，对我们来说，这一切都美得大有深意。总有那么一刻，美令我们如痴如醉，浑然忘却世间所有。美令我们驻足，去思索自我之外的意义。

我们常常蜗居在我们那个自我的宇宙中心。所以当别人与我们分享一些我们认知以外的事物，或者这些事物猝不及防地发生，我们才会惊觉这个世界正在发生些什么。当我们意识到这一点，我们才能够敞开心胸去拥抱美丽，从而填补我们内心不曾意识到的空虚。我们的目标不是通过命名美却实际上去削弱美的力量，而是要通过我们的努力，让这千钧之美，不言而喻，直达人心。

Craig Galbraith

Ian Gillespie   Chi-Ling Cheng

Kevin Schafer

Cecilia Langmuir

美 · 无止境
2019 年 9 月
Westbank Projects Corp.

调研 & 编辑

Ariele Peterson
Richard Littlemore
Trevor Boddy

撰写 & 合作

Ariele Peterson
Balazs Bognar
Bjarke Ingels
Chi-Ling Cheng
Claudia Cristovao
Craig Stanghetta
David Pontarini
Diane Rapatz
Ema Peter
Esteban Ochogavia
Gregory Henriquez
Gwen Boyle
Ian Duke
Jacqueline Che
James K. M. Cheng
John Hogan
Jonah Letovsky
Judy Leung
Kelly Daines
Kengo Kuma
Lauren Gillespie
Lukas Dong
Martin Boyce
Michael Braun
Michael Sypkens
Michelle Biggar
Nathaniel Funk
Paolo Fazioli
Paul Merrick
Peter Busby
Reece Terris
Reid Shier
Renata Li
Rhiannon Mabberley
Richard Littlemore
Ryan Gillespie
Samuel Roy-Bois
Sean Gillespie
Stephanie Dong
Trent Berry
Trevor Boddy
Venelin Kokalov
William Banks-Blaney
Zhang Huan

策展，文章 & 叙事文本

Ian Gillespie

翻译

刘玲
Maggie Wang

创意方向，设计 & 制作

Zacharko Design
Terrance Zacharko
Katja Zacharko

品牌顾问

AKQA

客户经理

Cat Steele
Creatives
Claudia Cristovao
Clement Barjon
Chloe Chaquil
Joao Oliveira
Lauren Gillespie
Mirelle Majas
Selda Yurekten
Project Manager
Todd Osborne

协调

Ariele Peterson
Hweely Lim
Amanda McDougall
Chi-Ling Cheng
Janice Leung
Nicole

文化 & 语言顾问

Maggie Wang
刘玲
Shin Wang

贡献者

Riddle to the Beholder,
an original piece by Shane L. Koyczan
Rising, Zhang Huan
Beyond the Sea, Against the Sun,
Martin Boyce
Fight for Beauty, Claudia Cristovao

建筑效果图

Bjarke Ingels Group
Hayes Davidson
Henriquez Partners Architects
Intergalactic Agency Inc.
Kengo Kuma Architects & Associates

Khan Lee (Water Colour Rendering)
Luxigon
Perkins + Will
Westbank Design Group

摄影

A-Frame Inc
Andrew Latreille
Antje Quinam
Bing Thom Architects
Bjarke Ingels Group
Bob Matheson
Brandon Barre
Brett Beadle
CBC Television
Chanowa Co
Chris Randle
Christopher Morris
City of Vancouver Archives
Colin Goldie
Daichi Ano
Dave Hamilton Photography
Dennis Gocer, The Collective You
Derek Lepper
Ed White
Eiichi Kano
Ema Peter
Engebert Romero Photography
Entsuji Temple
Eric Micotto
Fabrizio Giraldi
Fazioli Pianoforti
Giovanni Di Sandre
Gwen Boyle
Gwenael Lewis
Hariri Pontarini Architects
Henri Robideau
Hiroshige Atake
Hweely Lim
Ian Gillespie
Iwan Baan Photography
James K. M. Cheng
Jay Dotson Photographic Services LLC
Jimmy Jeong
Justin Wu
Karl Wang
Katrina Louie
Katsuhiko Mizuno
Katsuki Miyoshino
Katsutoshi Horii
Kazuki Miyanaga
Ken Fung
Kengo Kuma
Kengo Kuma & Associates

Kenneth Chan
Koji Fuji
Kyokko Fierro
Lauren Gillespie
Leo Cai, Lionlight photography
M. Kumekawa
Ma-bou (Photohito)
Maggie Wang
Masao Nishikawa
Masato Kawano
Maxpaq Photography
May So
Michael Sypkens
Michelle Siu
Mitsumasa Fujitsuka
Office of Mcfarlane Biggar
Architects + Designers
Paul Warchol
Peppe Maisto
Perkins + Will
Peter Aaron
Photoblimp
Pierot Martinello
Pierre Lecerf
PR Photo Company
Rachel Topham, Vancouver Art Gallery
Rhonda Krause
Roberto Zava, Step Photography
Rodney Graham
Satoshi Asakawa
Scott Frances
Sofia Kuan
Stan Douglas
Stéphane Barbery
Takumi Ota
The Met Museum
Trevor Mills, Vancouver Art Gallery
Tosa Mitsuyoshi
Vancouver Art Gallery
Waite Air Photos Inc.
Wataru Hatano
Will Rutledge
World Housing
Yasuhiro Ishimoto
Zhang Huan Studio
Zumtobel Group

摄影编辑

Stephen Kirby
Barry Quinn
Peter Tom

印刷 & 制作

Metropolitan Fine Printers

装订

Northwest Book
Gryphon Graphics

来源

What is Westbank
https://www.theglobeandmail.com report-on-business/why-the-apparel-market-facing-reckoning-retail/article30821975/
https://beta.theglobeandmail.com/news/british-columbia/bc-tech-sector-growing-so-fast-its-hard-to-measure-size-of-industry/article32953219/?ref=http://www.theglobeandmail.com

创新能源

Reshape Strategies

A Roof Over Your Head
http://www.housing.gov.bc.ca/pub/vol1.pdf
https://www.demonstratingvalue.org/resources/showing-value-affordable-housing
https://www.jrf.org.uk/report/links-between-housing-and-poverty
Immigration becoming vital part of Canada's economic growth (Globe and Mail)
http://www.theglobeandmail.com/news/national/immigrant-nation-newcomers-will-comprise-a-growing-share-of-canadas-population/article33755105/
http://www.slate.com/blogs/business_insider/2013/07/28/turnover_rates_by_company_how_amazon_google_and_others_stack_up.html
http://vancouversun.com/business/local-business/justin-trudeau-touts-canadian-tech-industry-at-new-microsoft-centre-in-vancouver
https://datausa.io/profile/geo/seattle-wa/#economy
http://business.financialpost.com/news/property-post/how-the-boom-in-technology-jobs-is-transforming-toronto-and-vancouvers-office-markets
https://www.1776.vc/reports innovation-that-matters-2016/

音乐

http://www.scienceofpeople.com/2016/03/scientific-benefits-music/

下一章

https://www.ft.com/content/09520124-3d28-11e6-8716-a4a71e8140b0
https://www.washingtonpost.com/world/national-security/study-iraq-afghan-war-costs-to-top-4-trillion/2013/03/28/b82a5dce-97ed-11e2-814b-063623d80a60_story.html?utm_term=.caf6700c8b24
http://www.worldbank.org/en/topic/urbandevelopment/overview
http://www.oecd.org/env/indicators-modelling-outlooks/oecdenvironmental outlookto2050theconsequencesofinaction-keyfactsandfigures.htm
Institute of International Education, www.iie.org/opendoors, Educational Exchange Data from open Doors 2016

Fight for Beauty

美·无止境

When did we say yes to beauty being discarded
Deleted and demeaned?
自何日始，我们容许美被遗弃，被忽略，被贬损？

Where is the agreement that beauty is optional–
Not urgent for us to thrive?
又自何时，我们不再为美的达成而倾力倾情，反认为它可有可无？

Since when have we learned the price of everything
Yet know the value of nothing?
我们明了万物标签，却不谙美之无价？

How could we have missed
That beauty is a strength not a substance
That makes its way through the cracks to come after
Our senses in full force to push us forward?
我们要如何，才能体察美的醍醐之力？不让它在世俗生活的裂缝中
奋力跻身，来瞬时照亮我们的生活？

Because we, we have not signed up.
所有那一切，皆源于我们尚未签下与美的约定。

2017 年 4 月
写于伊恩与 AKQA 的一场关于美与价值"无情斗争"的对话后

图书在版编目（CIP）数据

美·无止境/（加）伊恩·格莱斯宾编著；许琰东，陈波，刘玲译 . —北京：中国建筑工业出版社，2019.1

ISBN 978-7-112-22808-9

I.①美… II.①伊… ②许… ③陈… ④刘… III.①建筑设计—作品集—加拿大—现代 IV.①TU206

中国版本图书馆CIP数据核字（2018）第240075号

英文翻译：许琰东　陈　波　刘　玲（排名不分先后）
责任编辑：费海玲　焦　阳
责任校对：王　烨

美·无止境

[加] 伊恩·格莱斯宾　编著

许琰东　陈波　刘玲　译

刘玲　校

*

中国建筑工业出版社出版、发行（北京海淀三里河路9号）

各地新华书店、建筑书店经销

北京点击世代文化传媒有限公司制版

北京富诚彩色印刷有限公司印刷

*

开本：880×1230毫米　1/12　印张：52⅔　字数：1130千字

2020年6月第一版　2020年6月第一次印刷

定价：498.00元

ISBN 978-7-112-22808-9

（32924）